大数据人才培养规划教材

U0377849

Excel
数据分析与可视化

Data Analysis and Visualization with Excel

柳扬 张良均 ◎ 主编

杨伟 孔原 陈胜 ◎ 副主编

人民邮电出版社

北京

图书在版编目（CIP）数据

Excel数据分析与可视化 / 柳扬，张良均主编. --
北京：人民邮电出版社，2020.1（2024.7重印）
大数据人才培养规划教材
ISBN 978-7-115-51989-4

Ⅰ. ①E… Ⅱ. ①柳… ②张… Ⅲ. ①表处理软件—教
材 Ⅳ. ①TP391.13

中国版本图书馆CIP数据核字(2019)第201591号

内 容 提 要

本书以项目为导向，由浅入深地介绍 Excel 在数据分析与可视化方面的应用。全书以"自动售货机"产品销售为主线，共分 7 个项目。项目 1 介绍了某企业"自动售货机"的经营困惑，以及"自动售货机"数据分析的流程；项目 2 为商品的整体销售情况分析；项目 3 为区域销售情况分析；项目 4 为商品库存的分析；项目 5 为用户行为的分析；项目 6 为商品销售量的预测；项目 7 介绍了"自动售货机"周报的撰写。项目 2～项目 7 都包含了技能拓展和技能训练，可以帮助读者巩固所学的内容。

本书可作为高校数据分析类课程的教材，也可作为数据分析爱好者的自学用书。

◆ 主　编　柳　扬　张良均
　　副主编　杨　伟　孔　原　陈　胜
　　责任编辑　左仲海
　　责任印制　马振武
◆ 人民邮电出版社出版发行　　北京市丰台区成寿寺路 11 号
　　邮编 100164　　电子邮件 315@ptpress.com.cn
　　网址 http://www.ptpress.com.cn
　　固安县铭成印刷有限公司印刷
◆ 开本：787×1092　1/16
　　印张：8　　　　　　　　　2020 年 1 月第 1 版
　　字数：187 千字　　　　　　2024 年 7 月河北第 10 次印刷

定价：29.80 元

读者服务热线：(010)81055256　印装质量热线：(010)81055316
反盗版热线：(010)81055315
广告经营许可证：京东市监广登字20170147号

宋汉珍（承德石油高等专科学校）　　宋眉眉（天津理工大学）

张　敏（泰迪学院）　　　　　　　　张尚佳（泰迪学院）

张治斌（北京信息职业技术学院）　　张积林（福建工程学院）

张雅珍（陕西工商职业学院）　　　　陈　永（江苏海事职业技术学院）

武春岭（重庆电子工程职业学院）　　林智章（厦门城市职业学院）

官金兰（广东农工商职业技术学院）　赵　强（山东师范大学）

胡支军（贵州大学）　　　　　　　　胡国胜（上海电子信息职业技术学院）

施　兴（泰迪学院）　　　　　　　　秦宗槐（安徽商贸职业技术学院）

韩中庚（信息工程大学）　　　　　　韩宝国（广东轻工职业技术学院）

蒙　飚（柳州职业技术学院）　　　　蔡　铁（深圳信息职业技术学院）

谭　忠（厦门大学）　　　　　　　　薛　毅（北京工业大学）

魏毅强（太原理工大学）

序 FOREWORD

随着大数据时代的到来，移动互联网和智能手机迅速普及，多种形态的移动互联网应用蓬勃发展，电子商务、云计算、互联网金融、物联网、虚拟现实、机器人等不断渗透并重塑传统产业，而与此同时，大数据当之无愧地成为了新的产业革命核心。

2019年8月，联合国教科文组织以联合国6种官方语言正式发布《北京共识——人工智能与教育》，其中提出，各国要制定相应政策，推动人工智能与教育系统性融合，利用人工智能加快建设开放灵活的教育体系，促进全民享有公平、高质量、适合每个人的终身学习机会，这表明基于大数据的人工智能和教育均进入了新的阶段。

高等教育是教育系统中的重要组成部分，高等院校作为人才培养的重要载体，肩负着为社会培育人才的重要使命。教育部部长陈宝生于2018年6月21日在新时代全国高等学校本科教育工作会议上首次提出了"金课"的概念，"金专""金课""金师"迅速成为新时代高等教育的热词。如何建设具有中国特色的大数据相关专业，如何打造世界水平的"金专""金课""金师"和"金教材"是当代教育教学改革的难点和热点。

实践教学是在一定的理论指导下，通过实践引导，使学习者能够获得实践知识、掌握实践技能、锻炼实践能力、提高综合素质的教学活动。实践教学在高校人才培养中有着重要的地位，是巩固和加深理论知识的有效途径。目前，高校的大数据相关专业的教学体系设置过多地偏向理论教学，课程设置冗余或缺漏，知识体系不健全，且与企业实际应用契合度不高，学生无法把理论转化为实践应用技能。为了有效解决该问题，"泰迪杯"数据挖掘挑战赛组委会与人民邮电出版社共同策划了"大数据专业系列教材"。这恰与2019年10月24日教育部发布的《教育部关于一流本科课程建设的实施意见》（教高〔2019〕8号）中提出的"坚持分类建设、坚持扶强扶特、提升高阶性、突出创新性、增加挑战度"原则完全契合。

"泰迪杯"数据挖掘挑战赛自2013年创办以来一直致力于推广高校数据挖掘实践

教学，培养学生数据挖掘的应用和创新能力。挑战赛的赛题均为经过适当简化和加工的实际问题，来源于各企业、管理机构和科研院所等，非常贴近现实热点需求。赛题中的数据只做必要的脱敏处理，力求保持原始状态。竞赛围绕数据挖掘的整个流程，从数据采集、数据迁移、数据存储、数据分析与挖掘，最终到数据可视化，涵盖了企业应用中的各个环节，与目前大数据专业人才培养目标高度一致。"泰迪杯"数据挖掘挑战赛不依赖于数学建模，甚至不依赖传统模型的竞赛形式，使得"泰迪杯"数据挖掘挑战赛在全国各大高校反响热烈，且得到了全国各界专家学者的认可与支持。2018 年，"泰迪杯"数据挖掘挑战赛增加了子赛项——数据分析职业技能大赛，为高职及中职技能型人才培养提供理论、技术和资源方面的支持。截至 2019 年，全国共有近 800 所高校，约 1 万名研究生、5 万名本科生、2 万名高职生参加了"泰迪杯"数据挖掘挑战赛和数据分析职业技能大赛。

本系列教材的第一大特点是注重学生的实践能力培养，针对高校实践教学中的痛点，首次提出"鱼骨教学法"的概念。以企业真实需求为导向，学生学习技能紧紧围绕企业实际应用需求，将学生需掌握的理论知识，通过企业案例的形式进行衔接，达到知行合一、以用促学的目的。第二大特点是以大数据技术应用为核心，紧紧围绕大数据应用闭环的流程进行教学。本系列教材涵盖了企业大数据应用中的各个环节，符合企业大数据应用真实场景，使学生从宏观上理解大数据技术在企业中的具体应用场景及应用方法。

在教育部全面实施"六卓越一拔尖"计划 2.0 的背景下，对于如何促进我国高等教育人才培养体制机制的综合改革，如何重新定位和全面提升我国高等教育质量的问题，本系列教材将起到抛砖引玉的作用，从而加快推进以新工科、新医科、新农科、新文科为代表的一流本科课程的"双万计划"建设；落实"让学生忙起来，管理严起来和教学活起来"措施，让大数据相关专业的人才培养质量有一个质的提升；借助数据科学的引导，在文、理、农、工、医等方面全方位发力，培养各个行业的卓越人才及未来的领军人才。同时本系列教材将根据读者的反馈意见和建议及时改进、完善，努力成为大数据时代的新型"编写、使用、反馈"螺旋式上升的系列教材建设样板。

佛山科学技术学院校长
教育部高校大学数学教学指导委员会副主任委员
泰迪杯数据挖掘挑战赛组织委员会主任
泰迪杯数据分析技能赛组织委员会主任

2019 年 11 月于粤港澳大湾区

前 言 PREFACE

随着大数据时代的来临，数据分析技术将帮助企业用户在合理时间内对数据进行分析和可视化，指导企业的经营决策。金融业、零售业、医疗业、互联网业、交通物流业及制造业等行业领域对数据分析的岗位需求巨大，特别是有实践经验的数据分析人才更是各企业争夺的重点。为了满足日益增长的数据分析人才需求，很多高校开始尝试开设不同程度的数据分析课程。

本书特色

本书全面贯彻党的二十大精神，以社会主义核心价值观为引领，加强基础研究、发扬斗争精神，为建成教育强国、科技强国、人才强国、文化强国添砖加瓦。本书内容以项目为导向，结合"自动售货机"数据分析项目及教学经验，由浅入深地介绍 Excel 数据分析和可视化应用技术。每个项目都包括技能目标、知识目标、项目背景、项目目标、项目分析等板块，使读者明确如何利用所学知识来解决问题；其中项目 2～项目 7 还包含技能拓展和技能训练等内容，可以丰富和巩固读者所学知识，让读者能够将所学知识应用到实际的项目中。

本书适用对象

● 开设数据分析课程的高校的教师和学生

目前，国内不少高校将数据分析引入教学，电子商务、市场营销、物流管理、金融管理等专业均开设了与数据分析技术相关的课程。本书提供项目式的教学模式，能够充分发挥师生的互动性和创造性，获得最佳的教学效果。

● 以 Excel 为工具的人员

Excel 是常用的办公软件之一，被广泛用于数据分析、财务、行政、营销等岗位。本书讲解了 Excel（2016 版）常用的数据分析和可视化技术，能帮助相关人员提高工作效率。

● 关注数据分析的人员

Excel 作为常用的数据分析工具，能实现数据分析和可视化等操作。本书提供 Excel

数据分析和可视化以及撰写分析报告的方法，能有效指导读者快速掌握数据分析和可视化以及分析报告撰写的技术。

代码下载及问题反馈

为了帮助读者更好地使用本书，泰迪云课堂提供了配套的教学视频。如需获取书中的原始数据文件，读者可以从"泰迪杯"数据挖掘挑战赛网站免费下载，也可登录人民邮电出版社教育社区（www.ryjiaoyu.com）下载。为方便教师授课，本书还提供了 PPT 课件、教学大纲、教学进度表和教案等教学资源，教师可扫码下载申请表，填写后发送至指定邮箱申请所需资料。同时欢迎读者加入 QQ 交流群"人邮大数据教师服务群"（669819871）进行交流探讨。

由于编者水平有限，加之编写时间仓促，书中难免出现一些疏漏和不足之处。如果读者有更多的宝贵意见，欢迎在泰迪学社微信公众号（TipDataMining）回复"图书反馈"进行反馈。更多本系列图书的信息可以在"泰迪杯"数据挖掘挑战赛网站查阅。

编　者

2023 年 5 月

泰迪云课堂

"泰迪杯"数据挖掘
挑战赛网站

申请表下载

目录 CONTENTS

Excel 数据分析与可视化

第1篇 数据分析与可视化

 项目 ① 分析"自动售货机"现状

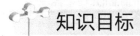 技能目标

能利用企业背景和需求，确定分析思路和流程。

技能目标 知识目标

掌握数据分析的概念和流程。

项目背景

随着无人零售业的兴起，"自动售货机"的市场竞争日益激烈。面对困难、困惑，务必敢于斗争、善于斗争。企业管理者迫切想要了解企业在"自动售货机"的销售经营中面临的困惑，以及利用何种方法能够解决这些困惑。

项目目标

了解企业"自动售货机"的经营困惑，利用数据分析技术解决这些困惑。

项目分析

（1）了解企业"自动售货机"的经营困惑。
（2）掌握"自动售货机"的数据分析流程。

1.1 某企业"自动售货机"经营困惑

国内某零售企业成立于 2016 年，主营业务为"自动售货机"的投放和运营，经营的商品以食品饮料为主。公司投放运营区域覆盖山东省临沂市的高新区、罗庄区和兰山区等区域，广泛投放在企事业单位、商场、医院和旅游景点等各类场所。

然而，在激烈的市场竞争环境下，"自动售货机"业务出现高度同质化[1]（注释见附录）、成本上升、利润下降等诸多困难与问题。因此，在过去的一周时间里，该零售企业在各个区域增加了售货机的数量，希望以此来提高售货机的市场占有率和企业竞争力。接下来，

Excel 数据分析与可视化

如何了解"自动售货机"的销售情况、畅销的商品有哪些、什么价格的商品最受欢迎、各个区域的销售状况怎么样、库存的商品结构是否合理及用户有哪些特点等，成为该企业亟待解决的问题。

该零售企业一直采用一个数据库[2]系统来实现全过程的统一运营管理，数据库系统中包含了人力资源、商品销售和商品库存[3]等业务数据。其中，商品销售数据的字段说明如表 1-1 所示，商品库存数据的字段说明如表 1-2 所示。

表 1-1 商品销售数据的字段说明

字段名称	含义	字段名称	含义
区域	售货机投放区域	商品类别	商品所属类别
售货机 ID	售货机唯一标识	商品 ID	商品唯一标识
购买日期	客户消费日期	商品名称	商品的名称
客户 ID	客户唯一标识	购买数量	单次购买的数量
支付方式	客户付款方式	成本价	商品的进货成本
消费金额	单笔消费金额	销售单价	商品的销售价格

表 1-2 商品库存数据的字段说明

字段名称	含义	字段名称	含义
日期	库存状态所属的日期	库存数量	某商品的库存数量
商品名称	商品的名称	成本价	商品的进货成本
商品类别	商品所属类别	销售单价	商品的销售价格

根据企业的经营管理困惑分析企业的需求，本书案例确定了以下分析内容。

（1）分析商品的整体销售情况。

（2）分析各区域的销售情况。

（3）分析商品库存。

（4）分析用户行为。

（5）预测商品的销售量。

（6）撰写"自动售货机"周报。

1.2 "自动售货机"数据分析流程

数据分析的目的主要是从大量杂乱无章的数据中发现规律，并进行概括总结，提炼出有价值的信息。通过对"自动售货机"数据进行分析，能够帮助企业掌握"自动售货机"的销售和商品库存等情况，了解商品需求量和用户偏好，为用户提供精准贴心的服务。"自动售货机"数据分析流程图如图 1-1 所示，分析步骤和说明如表 1-3 所示。

图 1-1 "自动售货机"数据分析流程图

表 1-3 "自动售货机"分析步骤和说明

步骤	说 明
需求分析	需求分析的主要内容是根据业务、生产和财务等部门的需要,结合现有的数据情况,确定数据分析的目的和方法
数据获取	数据获取是指根据分析的目的,提取、收集数据,是数据分析工作的基础
数据处理	数据处理是指借助 Excel 对数据进行排序、筛选、去除重复值、分类汇总、计数等操作,将数据转换为适于分析的形式
分析与可视化	分析与可视化主要是指通过对销售额、毛利率、销售量、销售目标达成率、存销比、客单价和复购率等指标的计算和分析,发现数据中的规律,并借助图表等可视化的方式来直观地展现数据之间的关联信息,使抽象的信息变得更加清晰、具体,易于观察
分析报告	分析报告是以特定的形式把数据分析的过程和结果展示出来,便于决策者了解

为了掌握本周售货机的运营情况,本书案例从企业的数据库系统中抽取并处理了两份数据,分别是本周的销售数据和库存数据,主要讲解如何对这些处理好的数据进行分析与可视化处理,并撰写"自动售货机"周报。

项目 ② 分析商品的整体销售情况

 技能目标

（1）能创建数据透视表[1]。

（2）能运用 SUMIFS 函数计算各单价区间的销售数量。

（3）能运用数据绘制簇状柱形图[2]和折线图[3]，并分析商品销售额。

（4）能运用数据绘制折线图，并分析商品毛利率。

（5）能运用数据绘制柱形图，并分析商品销量排行。

（6）能运用数据绘制条形图[4]，并分析单价区间的商品销售量。

知识目标

（1）掌握环比的含义。

（2）掌握毛利率的含义。

（3）掌握销售量的含义。

项目背景

某零售企业在 3 个地区投放不同数量的售货机进行商品的销售，该企业的区域经理想要了解这 3 个区域本周的日消费金额情况和盈利情况，以及用户喜欢哪些商品、用户更容易接受什么样的商品单价区间。

项目目标

利用销售额[5]的环比、毛利率、商品销售量、单价区间的销售量等指标分析商品的整体销售情况。

项目分析

（1）计算销售额的环比。

（2）计算商品毛利率。

（3）对商品销售量的排行进行分析。

（4）对单价区间的商品销售量进行分析。

2.1 　商品销售额的环比分析

2.1.1 　计算商品销售额的环比

环比是以某一期的数据和上期的数据进行比较计算所得的趋势百分比,可以观察数据的增减变化情况,反映本期比上期增长了多少。对于成长性较强或业务受季节影响较小的公司,其收入或销售费用的数据常常使用环比指标进行分析。若 A 代表本期销售额,B 代表上期销售额,C 代表该商品的环比增长率[6],则商品销售额的环比公式如式(2-1)所示。

$$C = \frac{A-B}{B} \times 100\% \qquad (2-1)$$

环比按采用的基期不同可分为日环比、周环比、月环比和年环比。本小节使用日环比计算本周每天销售额的环比,在【本周销售数据】工作表中,可以通过透视表的方式计算本周商品日销售额的环比,具体操作步骤如下。

图2-1　选择命令

1. 打开【创建数据透视表】对话框

打开【本周销售数据】工作表,单击数据区域内任一单元格,在【插入】选项卡的【表格】命令组中单击【数据透视表】图标,如图2-1所示,弹出【创建数据透视表】对话框,如图2-2所示。

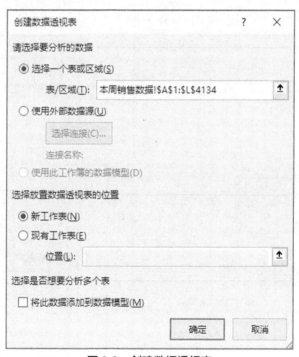

图2-2　创建数据透视表

2. 创建空白数据透视表

单击图2-2所示对话框中的【确定】按钮,即可创建一个空白数据透视表,并显示【数据透视表字段】窗格,如图2-3所示。

图 2-3　空白数据透视表

3. 添加"购买日期""消费金额"字段

从工作表中将"购买日期"字段拖曳至【行】区域，将"消费金额"字段拖曳至【值】区域，如图 2-4 所示，创建的数据透视表如图 2-5 所示。

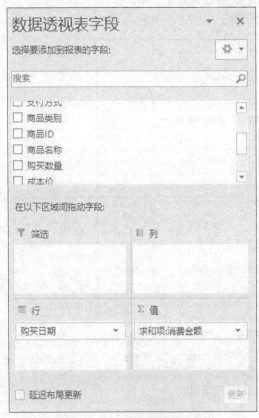

图 2-4　添加数据透视表字段

	A	B
1	行标签 ▼	求和项:消费金额
2	2018/9/24	2360.3
3	2018/9/25	2491.1
4	2018/9/26	2618.7
5	2018/9/27	3510.3
6	2018/9/28	3790.6
7	2018/9/29	4081.1
8	2018/9/30	3728.1
9	总计	22580.2

图 2-5　商品销售额

由图 2-5 可知，2018 年 9 月 24 日至 2018 年 9 月 30 日的销售金额分别为 2360.3 元、2491.1 元、2618.7 元、3510.3 元、3790.6 元、4081.1 元和 3728.1 元。

4. 创建【销售额环比】工作表

创建新的工作表并重命名为"销售额环比",将图 2-5 所示的单元格区域 A1:B8 复制到【销售额环比】工作表单元格 A1 的位置,字段名分别更改为"日期""销售额",如图 2-6 所示。

5. 添加"销售额环比"辅助字段

在【销售额环比】工作表单元格 C1 的位置添加"销售额环比"辅助字段,如图 2-7 所示。

	A	B
1	日期	销售额
2	2018/9/24	2360.3
3	2018/9/25	2491.1
4	2018/9/26	2618.7
5	2018/9/27	3510.3
6	2018/9/28	3790.6
7	2018/9/29	4081.1
8	2018/9/30	3728.1

图 2-6 创建【销售额环比】工作表

	A	B	C
1	日期	销售额	销售额环比
2	2018/9/24	2360.3	
3	2018/9/25	2491.1	
4	2018/9/26	2618.7	
5	2018/9/27	3510.3	
6	2018/9/28	3790.6	
7	2018/9/29	4081.1	
8	2018/9/30	3728.1	

图 2-7 添加"销售额环比"辅助字段

6. 设置单元格格式

选中并右键单击【销售额环比】工作表单元格区域 C2:C8,在弹出的快捷菜单中选择【设置单元格格式】命令,打开【设置单元格格式】对话框,选择【数字】选项卡【分类】列表框中的【百分比】选项,并将【小数位数】设为 2,如图 2-8 所示,单击【确定】按钮。

图 2-8 设置单元格格式

7. 计算销售额环比

在【销售额环比】工作表的单元格 C3 中输入 "=(B3-B2)/B2"，按【Enter】键即可计算 2018 年 9 月 25 日的销售额环比，将鼠标指针移到单元格 C3 的右下角，当指针变为黑色加粗的 "+" 形状时双击，单元格 C3 下方的单元格会自动复制公式并计算对应日期的销售额环比值，结果如图 2-9 所示。

2.1.2 绘制图表分析商品销售额环比

基于 2.1.1 小节最终得到的数据，绘制本周商品的日销售额环比值的簇状柱形图和折线图，具体步骤如下。

1. 选择数据

选择【销售额环比】工作表中的单元格区域 A1:C8，如图 2-10 所示。

	A	B	C
1	日期	销售额	销售额环比
2	2018/9/24	2360.3	
3	2018/9/25	2491.1	5.54%
4	2018/9/26	2618.7	5.12%
5	2018/9/27	3510.3	34.05%
6	2018/9/28	3790.6	7.99%
7	2018/9/29	4081.1	7.66%
8	2018/9/30	3728.1	-8.65%

图 2-9　销售额环比

A	B	C
日期	销售额	销售额环比
2018/9/24	2360.3	
2018/9/25	2491.1	5.54%
2018/9/26	2618.7	5.12%
2018/9/27	3510.3	34.05%
2018/9/28	3790.6	7.99%
2018/9/29	4081.1	7.66%
2018/9/30	3728.1	-8.65%

图 2-10　选择数据

2. 打开【插入图表】对话框

在【插入】选项卡的【图表】命令组中单击 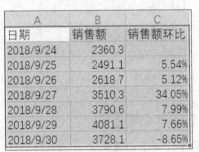 按钮，弹出【插入图表】对话框，可查看推荐的图表和所有图表，如图 2-11 所示。

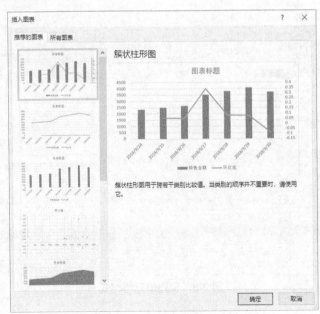

图 2-11　【插入图表】对话框

3．选择组合图

切换至【所有图表】选项卡，单击【组合】图标，默认选择【簇状柱形图-折线图】，在【为您的数据系列选择图表类型和轴】列表框中将【销售额环比】设为次坐标轴，如图 2-12 所示。

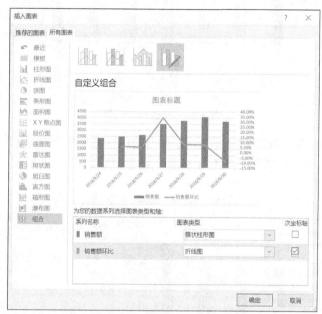

图 2-12　选择【簇状柱形图-折线图】

4．绘制组合图

单击【确定】按钮，即可绘制组合图，如图 2-13 所示。

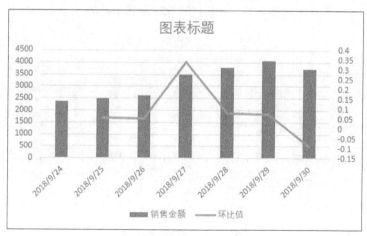

图 2-13　组合图

5．修改图表元素

（1）修改图表标题。单击【图表标题】文本激活图表标题文本框，更改图表标题为"销售金额和环比值的组合图"，并更改标题字体为"微软雅黑"，效果如图 2-14 所示。

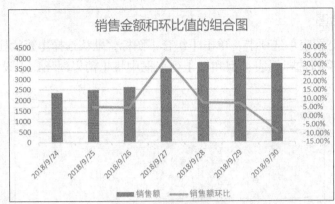

图 2-14　修改图表标题

（2）添加数据标签。右键单击折线，在弹出的快捷菜单中选择【添加数据标签】命令，如图 2-15 所示，为每一段折线添加数据标签，设置效果如图 2-16 所示。

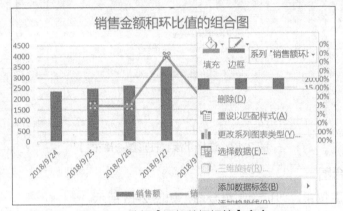

图 2-15　选择【添加数据标签】命令

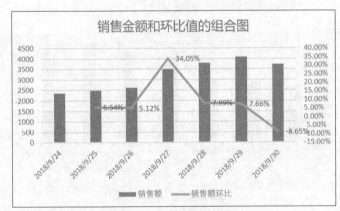

图 2-16　添加数据标签

由图 2-16 可知，本周 2018 年 9 月 27 日的销售金额增长最快，而 2018 年 9 月 30 日的销售金额环比下降了 8.65%。本周的销售金额先上升到达一定的峰值后，又出现了下降的趋势。

2.2 商品毛利率分析

2.2.1 计算商品毛利率

在现实生活中，毛利率可以用来衡量一个企业在实际生产或经营过程中的获利能力，同时也能够体现一家企业主营业务的盈利空间和变化趋势，是核算企业经营成果和判断价格制定是否合理的依据。

毛利率是毛利在销售金额（或营业收入）中的占比，其中毛利是商品收入和与商品对应的成本之间的差额，计算公式如式（2-2）所示。

$$\gamma_{毛利率}=\frac{\gamma_{销售金额}-\gamma_{成本金额}}{\gamma_{销售金额}}\times 100\% \qquad (2\text{-}2)$$

在【本周销售数据】工作表中，可以通过透视表的方式计算本周商品销售的毛利率，具体步骤如下。

1. 添加“成本金额”辅助字段

在【本周销售数据】工作表的单元格 M1 的位置添加“成本金额”辅助字段，如图 2-17 所示。

	A	B	C	D	E	F	G	H	I	J	K	L	M
1	区域	售货机ID	购买日期	客户ID	支付方式	商品类别	商品ID	商品名称	购买数量	成本价	销售单价	消费金额	成本金额
2	河东区	73216367826	2018/9/29	105562	支付宝	饮料	26464	名仁苏打水	1	2	3	3	
3	河东区	73183796417	2018/9/27	103210	支付宝	蛋糕糕点	23857	沙琪玛（160g	1	4	5	5	
4	河东区	73199388439	2018/9/27	103204	支付宝	蛋糕糕点	23857	沙琪玛（160g	1	4	5	5	
5	河东区	73199388439	2018/9/30	102781	支付宝	饮料	23850	娃哈哈冰糖雪	1	2.2	3	3	
6	河东区	73199388439	2018/9/30	102498	支付宝	饮料	23850	娃哈哈冰糖雪	1	2.2	3	3	
7	河东区	73216367937	2018/9/29	105600	支付宝	饮料	26464	名仁苏打水	1	2	3	3	
8	河东区	73216368048	2018/9/28	105601	支付宝	饮料	26464	名仁苏打水	1	2	3	3	
9	河东区	73216368159	2018/9/27	105602	支付宝	饮料	26464	名仁苏打水	1	2	3	3	
10	河东区	73216368270	2018/9/24	105603	支付宝	饮料	26464	名仁苏打水	1	2	3	3	
11	河东区	73216368381	2018/9/28	105604	支付宝	饮料	26464	名仁苏打水	4	2	3	12	
12	河东区	73216368492	2018/9/28	105605	支付宝	饮料	26464	名仁苏打水	2	2	3	6	
13	河东区	73216368603	2018/9/27	105606	支付宝	饮料	26464	名仁苏打水	1	2	3	3	
14	河东区	73216368714	2018/9/26	105607	支付宝	饮料	26464	名仁苏打水	1	2	3	3	
15	河东区	73216369935	2018/9/28	105618	支付宝	饮料	26464	名仁苏打水	1	2	3	3	

Sheet1　销售额环比　本周销售数据

图 2-17　添加“成本金额”辅助字段

2. 计算本周商品的成本金额

在单元格 M2 中输入“=I2*J2”，按【Enter】键即可计算该笔订单的成本金额。将鼠标指针移到单元格 M2 的右下角，当指针变为黑色加粗的“+”形状时双击，单元格 M2 下方的单元格自动复制公式并计算出所有订单的成本金额，如图 2-18 所示。

	A	B	C	D	E	F	G	H	I	J	K	L	M
1	区域	售货机ID	购买日期	客户ID	支付方式	商品类别	商品ID	商品名称	购买数量	成本价	销售单价	消费金额	成本金额
2	河东区	73216367826	2018/9/29	105562	支付宝	饮料	26464	名仁苏打水	1	2	3	3	2
3	河东区	73183796417	2018/9/27	103210	支付宝	蛋糕糕点	23857	沙琪玛（160g	1	4	5	5	4
4	河东区	73199388439	2018/9/27	103204	支付宝	蛋糕糕点	23857	沙琪玛（160g	1	4	5	5	4
5	河东区	73199388439	2018/9/30	102781	支付宝	饮料	23850	娃哈哈冰糖雪	1	2.2	3	3	2.2
6	河东区	73199388439	2018/9/30	102498	支付宝	饮料	23850	娃哈哈冰糖雪	1	2.2	3	3	2.2
7	河东区	73216367937	2018/9/29	105600	支付宝	饮料	26464	名仁苏打水	1	2	3	3	2
8	河东区	73216368048	2018/9/28	105601	支付宝	饮料	26464	名仁苏打水	1	2	3	3	2
9	河东区	73216368159	2018/9/27	105602	支付宝	饮料	26464	名仁苏打水	1	2	3	3	2
10	河东区	73216368270	2018/9/24	105603	支付宝	饮料	26464	名仁苏打水	1	2	3	3	2
11	河东区	73216368381	2018/9/28	105604	支付宝	饮料	26464	名仁苏打水	4	2	3	12	8
12	河东区	73216368492	2018/9/28	105605	支付宝	饮料	26464	名仁苏打水	2	2	3	6	4
13	河东区	73216368603	2018/9/27	105606	支付宝	饮料	26464	名仁苏打水	1	2	3	3	2
14	河东区	73216368714	2018/9/26	105607	支付宝	饮料	26464	名仁苏打水	1	2	3	3	2
15	河东区	73216369935	2018/9/28	105618	支付宝	饮料	26464	名仁苏打水	1	2	3	3	2

Sheet1　销售额环比　本周销售数据

平均值: 3.880764578　计数: 4133　求和: 16039.2　100%

图 2-18　计算成本金额

3. 创建空白数据透视表

选中【本周销售数据】工作表数据区域内任一单元格,在【插入】选项卡的【表格】命令组中单击【数据透视表】图标,弹出【创建数据透视表】对话框,单击【确定】按钮,创建一个空白数据透视表,并显示【数据透视表字段】窗格,如图 2-19 所示。

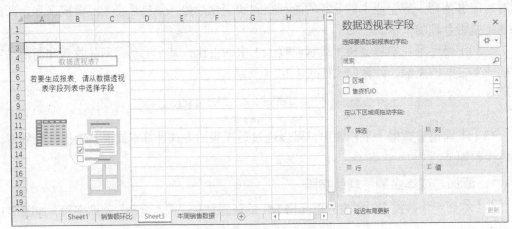

图 2-19　创建空白数据透视表

4. 添加"购买日期""成本金额"字段

将"购买日期"字段拖曳至【行】区域,"成本金额"字段拖曳至【值】区域,如图 2-20 所示,创建的数据透视表如图 2-21 所示。

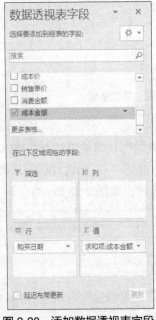

行标签	求和项:成本金额
2018/9/24	1711.9
2018/9/25	1760.3
2018/9/26	1857.8
2018/9/27	2490.6
2018/9/28	2702.1
2018/9/29	2879.6
2018/9/30	2636.9
总计	16039.2

图 2-20　添加数据透视表字段　　　　图 2-21　成本金额

5. 计算消费金额

将"消费金额"拖曳至【值】区域,如图 2-22 所示,创建的数据透视表如图 2-23 所示。

图 2-22　添加数据透视表字段

行标签	求和项:成本金额	求和项:消费金额
2018/9/24	1711.9	2360.3
2018/9/25	1760.3	2491.1
2018/9/26	1857.8	2618.7
2018/9/27	2490.6	3510.3
2018/9/28	2702.1	3790.6
2018/9/29	2879.6	4081.1
2018/9/30	2636.9	3728.1
总计	16039.2	22580.2

图 2-23　消费金额

6. 创建【毛利率】工作表

创建新的工作表并重命名为"毛利率",将图 2-23 中的"行标签""求和项:成本金额""求和项:消费金额"字段复制到【毛利率】工作表中,字段名分别更改为"日期""成本金额""销售金额",如图 2-24 所示。

7. 添加"毛利率"辅助字段

在【毛利率】工作表的单元格 D1 的位置添加"毛利率"辅助字段,如图 2-25 所示。

	A	B	C
1	日期	成本金额	销售金额
2	2018/9/24	1711.9	2360.3
3	2018/9/25	1760.3	2491.1
4	2018/9/26	1857.8	2618.7
5	2018/9/27	2490.6	3510.3
6	2018/9/28	2702.1	3790.6
7	2018/9/29	2879.6	4081.1
8	2018/9/30	2636.9	3728.1
9			

本周销售数据　毛利率

图 2-24　创建【毛利率】工作表

	A	B	C	D
1	日期	成本金额	销售金额	毛利率
2	2018/9/24	1711.9	2360.3	
3	2018/9/25	1760.3	2491.1	
4	2018/9/26	1857.8	2618.7	
5	2018/9/27	2490.6	3510.3	
6	2018/9/28	2702.1	3790.6	
7	2018/9/29	2879.6	4081.1	
8	2018/9/30	2636.9	3728.1	
9				

图 2-25　添加"毛利率"辅助字段

8. 设置单元格格式

选中并右键单击【毛利率】工作表中的单元格区域 D2:D8,在弹出的快捷菜单中选择【设置单元格格式】命令,打开【设置单元格格式】对话框,选择【数字】选项卡【分类】列表框中的【百分比】选项,并将【小数位数】设为 2,如图 2-26 所示,单击【确定】按钮。

9. 计算毛利率

在【毛利率】工作表的单元格 D2 中输入"=(C2-B2)/C2",按【Enter】键即可计算 2018 年 9 月 24 日毛利率的值,将鼠标指针移到单元格 D2 的右下角,当指针变为黑色加粗的"+"时双击,单元格 D2 下方的单元格会自动复制公式并计算对应日期的毛利率,如图 2-27 所示。

图 2-26　设置单元格格式

图 2-27　计算毛利率

2.2.2　绘制折线图分析商品毛利率

基于 2.2.1 小节最终得到的数据绘制毛利率折线图，具体步骤如下。

1. 选择数据

选择【毛利率】工作表中的单元格区域 A1:A8 和单元格区域 D1:D8，如图 2-28 所示。

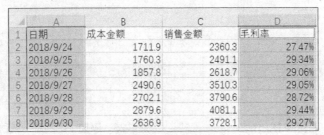

图 2-28　选择数据

2. 打开【插入图表】对话框

在【插入】选项卡的【图表】命令组中单击 按钮，弹出【插入图表】对话框，如图 2-29 所示。

3. 选择折线图

切换至【所有图表】选项卡，选择【折线图】选项，如图 2-30 所示。

4. 绘制折线图

单击【确定】按钮，即可绘制折线图，如图 2-31 所示。

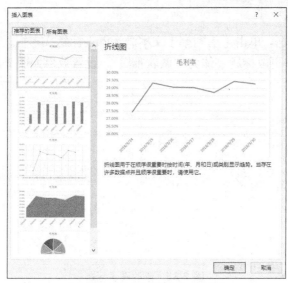

图 2-29 【插入图表】对话框

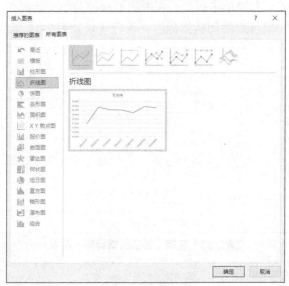

图 2-30 选择折线图

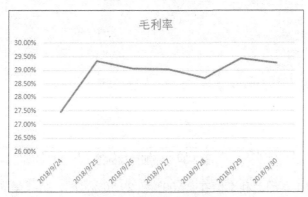

图 2-31 绘制毛利率折线图

5. 修改图表元素

（1）修改图表标题。单击【毛利率】文本激活图表标题文本框，更改图表标题为"每天商品的毛利率"，并更改标题字体为"微软雅黑"，设置效果如图 2-32 所示。

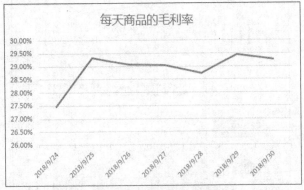

图 2-32 修改图表标题

（2）添加数据标签。右键单击折线，在弹出的快捷菜单中选择图 2-33 所示的【添加数据标签】命令，为每一段折线添加数据标签，设置效果如图 2-34 所示。

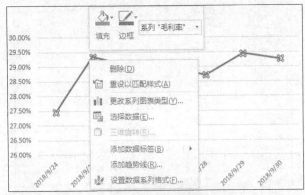

图 2-33 选择【添加数据标签】命令

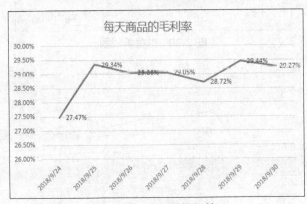

图 2-34 添加数据标签

由图 2-34 可知，本周毛利率值在 27.00% 和 29.50% 之间，折线呈先上升、再下降、再上升最后又下降的趋势。

2.3 商品销售量排行分析

2.3.1 计算各类别商品的销售量

商品的销售量是指企业在一定时期内实际销售出去的产品数量，是大多数企业在商品销售分析时常选的分析指标之一。

在【本周销售数据】工作表中，可以通过透视表的方式计算本周各类商品的销售量，具体步骤如下。

1. 打开【创建数据透视表】对话框

打开【本周销售数据】工作表，单击数据区域内任一单元格，在【插入】选项卡的【表格】命令组中单击【数据透视表】图标，弹出【创建数据透视表】对话框，如图 2-35 所示。

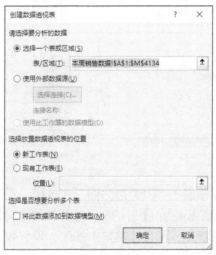

图 2-35 【创建数据透视表】对话框

2. 创建空白数据透视表

单击【确定】按钮，创建一个空白数据透视表，并显示【数据透视表字段】窗格，如图 2-36 所示。

图 2-36 空白数据透视表

3. 添加"商品类别""购买数量"字段

将"商品类别"字段拖曳至【行】区域、"购买数量"字段拖曳至【值】区域，如图 2-37 所示，创建的数据透视表如图 2-38 所示。

图 2-37　添加数据透视表字段

行标签	求和项:购买数量
饼干	194
蛋糕糕点	151
方便速食	227
即食便当	32
即食熟肉	5
咖啡	40
牛奶	226
膨化食品	246
其他	151
糖果甜食	1
调味品	1
饮料	3462
总计	4736

图 2-38　数据透视表

4. 购买数量排序

单击数据透视表的【行标签】字段旁边的倒三角按钮，在下拉列表中选择【其他排序选项】选项，弹出【排序（商品类别）】对话框，选择按降序排序，并选择排序依据为【求和项:购买数量】，如图 2-39 所示，单击【确定】按钮，设置效果如图 2-40 所示。

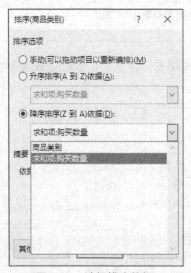

图 2-39　选择排序依据

行标签	求和项:购买数量
饮料	3462
膨化食品	246
方便速食	227
牛奶	226
饼干	194
其他	151
蛋糕糕点	151
咖啡	40
即食便当	32
即食熟肉	5
调味品	1
糖果甜食	1
总计	4736

图 2-40　本周购买数量排名

2.3.2　绘制柱形图分析商品销量排行

基于 2.3.1 小节最终得到的数据绘制本周各类商品销售数量的柱形图，具体步骤如下。

1. 选择数据

单击数据透视表数据区域里的任一单元格，如图 2-41 所示。

2. 绘制柱形图

选择图 2-41 中的单元格区域 A4:B15，在【插入】选项卡的【图表】命令组中单击图 2-42 所示的【数据透视图】图标。弹出【插入图表】对话框，在【所有图表】选项卡下选择【柱形图】选项，默认选择【簇状柱形图】，单击【确定】按钮，绘制柱形图效果如图 2-43 所示。

	A	B
1		
2		
3	行标签	求和项:购买数量
4	饮料	3462
5	膨化食品	246
6	方便速食	227
7	牛奶	226
8	饼干	194
9	其他	151
10	蛋糕糕点	151
11	咖啡	40
12	即食便当	32
13	即食熟肉	5
14	调味品	1
15	糖果甜食	1
16	总计	4736

图 2-41　选择数据

3. 修改图表元素

（1）设置坐标轴格式。右键单击纵坐标轴刻度，在弹出的快捷菜单中选择【设置坐标轴格式】命令，如图 2-44 所示；弹出【设置坐标轴格式】窗格，将【坐标轴选项】栏中的【最大值】设置为 3500.0，如图 2-45 所示。

图 2-42　单击【数据透视图】图标

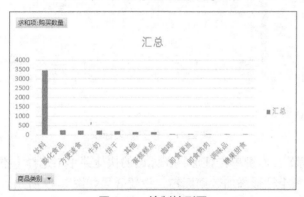

图 2-43　绘制柱形图

图 2-44　设置纵坐标轴格式

图 2-45　设置纵坐标轴刻度

（2）删除图例。右键单击图例，在弹出的快捷菜单中选择【删除】命令，如图 2-46 所示。

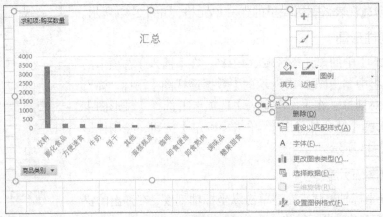

图 2-46　删除图例

（3）修改图表标题。单击【汇总】文本激活图表标题文本框，更改图表标题为"各类商品销售量排行榜"，并更改标题字体为"微软雅黑"，设置效果如图 2-47 所示。

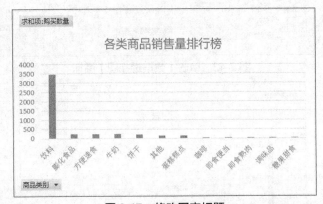

图 2-47　修改图表标题

（4）添加数据标签。右键单击柱形，在弹出的快捷菜单中选择【添加数据标签】命令，如图 2-48 所示，为每个柱形添加数据标签，设置效果如图 2-49 所示。

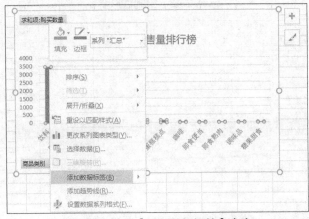

图 2-48　选择【添加数据标签】命令

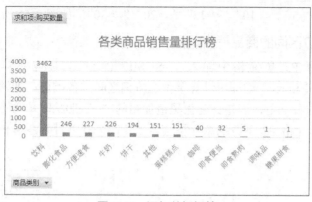

图 2-49 添加数据标签

由图 2-49 可知，本周饮料类商品销售数量最多，其余依次为膨化食品、方便速食、牛奶、饼干、其他、蛋糕糕点、咖啡、即食便当、即食熟肉、调味品及糖果甜食。

2.4 商品单价区间的销售量分析

2.4.1 计算商品单价区间的销售量

在现实生活中，消费者在消费时普遍有这种心理，价格太低的东西不想买，害怕质量不好或拉低身份；价格太高的东西又不想买，因为超出了自己的支出预算，所以用户对于某类商品总有一个心理价格下边界和上边界，称为消费者心理单价区间。

根据专家的经验，本小节示例的商品单价区间可划分为 5 个，分别为(0,5]、(5,10]、(10,15]、(15,20]、(20,30]。在【本周销售数据】工作表中，可以通过透视表的方式计算本周商品单价区间的销售量，具体的步骤如下。

1. 添加"下边界""上边界""销售数量"辅助字段

在【本周销售数据】工作表的单元格 N1、O1 和 P1 内分别添加"下边界""上边界""销售数量" 3 个辅助字段，如图 2-50 所示。

	H 商品名称	I 购买数量	J 成本价	K 销售单价	L 消费金额	M 成本金额	N 下边界	O 上边界	P 销售数量
1	商品名称	购买数量	成本价	销售单价	消费金额	成本金额	下边界	上边界	销售数量
2	名仁苏打水	1	2	3	3	2			
3	沙琪玛（160g	1	4	5	5	4			
4	沙琪玛（160g	1	4	5	5	4			
5	娃哈哈冰糖雪	1	2.2	3	3	2.2			
6	娃哈哈冰糖雪	1	2.2	3	3	2.2			
7	名仁苏打水	1	2	3	3	2			
8	名仁苏打水	1	2	3	3	2			
9	名仁苏打水	1	2	3	3	2			
10	名仁苏打水	1	2	3	3	2			
11	名仁苏打水	4	2	3	12	8			
12	名仁苏打水	2	2	3	6	4			
13	名仁苏打水	1	2	3	3	2			
14	名仁苏打水	1	2	3	3	2			
15	名仁苏打水	1	2	3	3	2			

图 2-50 添加"下边界""上边界""销售数量"辅助字段

2. 设置单价区间

在工作表中的"下边界"字段下依次输入">0"">5"">10"">15"">20"；"上边界"

Excel 数据分析与可视化

字段下依次输入"<=5""<=10""<=15""<=20""<=30",如图 2-51 所示。

3. 计算各单价区间的商品销售数量

在工作表中的 P2 单元格中输入"=SUMIFS($I$1:$I$4134,$K$1:$K$4134,N2,$K$1:$K$4134,O2)",按【Enter】键即可计算单价在(0,5]之间的各类商品的销售数量,将鼠标指针移到单元格 P2 的右下角,当指针变为黑色加粗的"+"形状时单击不松手,直至拖动至单元格 P6,此时单元格 P2 下方的单元格会自动复制公式并计算各单价区间的销售数量,如图 2-52 所示。

N	O	P
下边界	上边界	销售数量
>0	<=5	
>5	<=10	
>10	<=15	
>15	<=20	
>20	<=30	

图 2-51　输入单价区间

N	O	P
下边界	上边界	销售数量
>0	<=5	3711
>5	<=10	805
>10	<=15	179
>15	<=20	37
>20	<=30	4

图 2-52　计算各单价区间商品销售数量

2.4.2　绘制条形图分析商品单价区间的销售量

基于 2.4.1 小节最终得到的数据,绘制本周各单价区间商品销售量的条形图,具体步骤如下。

1. 数据排序

选择【本周销售数据】工作表中的单元格区域 N1:P6,在【开始】选项卡的【编辑】命令组中单击【排序和筛选】图标,选择【自定义排序】命令,如图 2-53 所示。弹出【排序】对话框,在【主要关键字】下拉列表框中选择【销售数量】,如图 2-54 所示,默认选择升序,单击【确定】按钮,排序效果如图 2-55 所示。

图 2-53　选择自定义排序

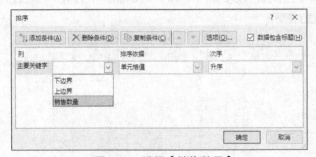

图 2-54　选择【销售数量】

N	O	P
下边界	上边界	销售数量
>20	<=30	4
>15	<=20	37
>10	<=15	179
>5	<=10	805
>0	<=5	3711

图 2-55　数据排序

2. 打开【插入图表】对话框

选择【本周销售数据】工作表中的单元格区域 N1:P6,在【插入】选项卡的【图表】命令组中单击 按钮,弹出【插入图表】对话框,如图 2-56 所示。

3. 选择条形图

切换至【所有图表】选项卡,选择【条形图】选项,如图 2-57 所示。

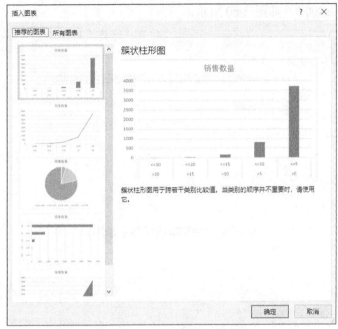

图 2-56　【插入图表】对话框

图 2-57　选择【条形图】选项

4. 绘制簇状条形图

单击【确定】按钮，绘制效果如图 2-58 所示。

5. 修改图表元素

（1）设置坐标轴格式。右键单击横坐标轴刻度，在弹出的快捷菜单中选择【设置坐标轴格式】命令，如图 2-59 所示；弹出【设置坐标轴格式】窗格，将【坐标轴选项】栏中的

【最大值】设置为 3800.0，如图 2-60 所示。

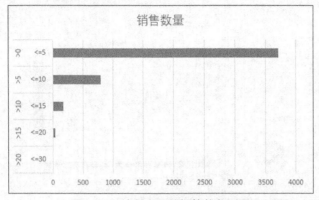

图 2-58　绘制本周数据簇状条形图

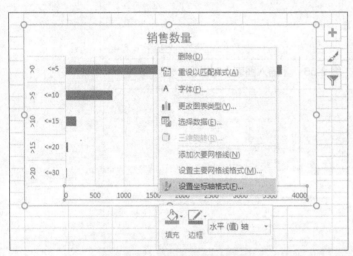

图 2-59　设置横坐标轴格式

图 2-60　设置横坐标轴刻度

（2）修改图表标题。单击【销售数量】文本激活图表标题文本框，更改图表标题为"单价区间销售量排行榜"，并更改标题字体为"微软雅黑"，设置效果如图 2-61 所示。

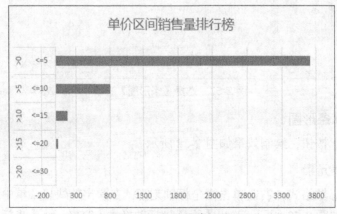

图 2-61　修改图表标题

（3）添加数据标签。右键单击条形，在弹出的快捷菜单中选择【添加数据标签】命令，如图 2-62 所示，为每个条形添加数据标签，设置效果如图 2-63 所示。

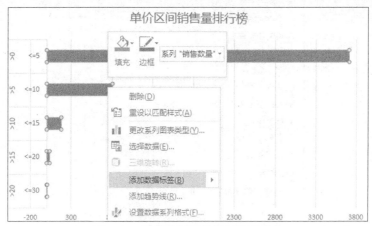

图 2-62 选择【添加数据标签】命令

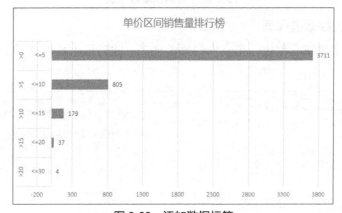

图 2-63 添加数据标签

由图 2-63 可知，单价在(0,5]区间的商品销售数量最多，其次依次是单价区间 (5,10]、(10,15]、(15,20]、(20,30]。可见该区域的用户在使用售货机购买商品时，多数用户更容易接受的商品单价区间为(0,5]，其次是(5,10]、(10,15]等，这一消费现象也符合人们的日常消费观念。

2.5 技能拓展

2.5.1 计算饮料类具体商品的销售量

在【本周销售数据】工作表中，可以通过透视表的方式计算饮料类具体商品的销售量，具体的步骤如下。

1. 打开【创建数据透视表】对话框

打开【本周销售数据】工作表，单击数据区域内任一单元格，在【插入】选项卡的【表格】命令组中单击【数据透视表】图标，弹出【创建数据透视表】对话框，如图 2-64 所示。

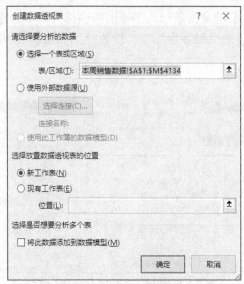

图 2-64　创建数据透视表

2. 创建空白数据透视表

单击【确定】按钮，创建一个空白数据透视表，并显示【数据透视表字段】窗格，如图 2-65 所示。

图 2-65　空白数据透视表

3. 添加"商品类别""商品名称""购买数量"字段

将"商品类别"和"商品名称"字段拖曳至【行】区域，"购买数量"字段拖曳至【值】区域，如图 2-66 所示，创建的数据透视表如图 2-67 所示。

4. 筛选饮料类的商品

单击数据透视表中【行标签】右侧的倒三角按钮，弹出【选择字段】对话框，在【搜索】框内输入"饮料"，如图 2-68 所示。单击【确定】按钮，即可筛选出饮料类的商品的相关数据，如图 2-69 所示。

图 2-66　添加数据透视表字段

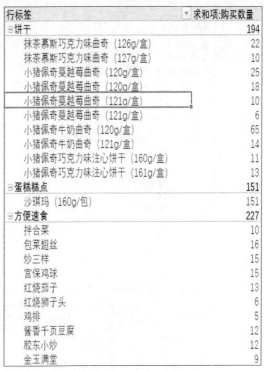

图 2-67　数据透视表

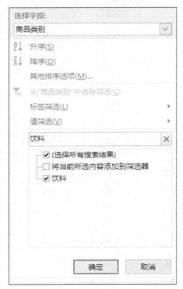

图 2-68　选择饮料商品

图 2-69　筛选出饮料商品

5．购买数量排序

单击数据透视表中【行标签】右侧的 ▼ 按钮，弹出【选择字段】对话框，选择【其他排序选项】选项，如图 2-70 所示；弹出【排序（商品类别）】对话框，选择降序排序，并选择排序依据为【求和项：购买数量】，如图 2-71 所示；单击【确定】按钮，排序效果如图 2-72 所示。

Excel 数据分析与可视化

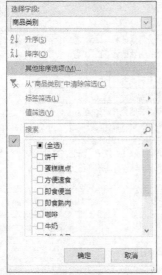

图 2-70 【选择字段】对话框

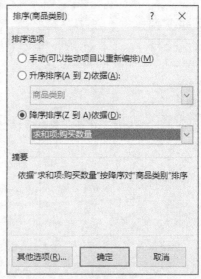

图 2-71 选择按降序排序

行标签	求和项:购买数量
⊟饮料	3462
名仁苏打水	443
脉动	325
美汁源果粒橙（450ml/瓶）	312
小茗同学-智能	304
农夫果园	301
可口可乐-智能	288
农夫茶π	256
雪碧-智能	236
娃哈哈冰红茶（500ml/瓶）-智能	196
山楂树下（350ml/瓶）	178
尖叫	156
七喜（500ml）	156
农夫山泉天然水（550ml/瓶）	147
娃哈哈冰糖雪梨（500ml/瓶）	64
美汁源果粒橙	21
王老吉（500ml/瓶）	21
亿畅	12
娃哈哈龙井绿茶（500ml/瓶）	12
农夫果园番茄+草莓+山楂	6
农夫山泉-智能	6
农夫茶π柚子绿茶	5
冰糖雪梨	4
名仁苏打水-无糖	4
娃哈哈纯净水	3

图 2-72 饮料类商品排序

2.5.2 绘制柱形图分析饮料类各商品销量排行

基于排序得到的数据，绘制柱形图对饮料类各商品销量进行排行分析，具体步骤如下。

1. 选择数据

单击数据透视表中数据区域的任一单元格，如图 2-73 所示。

2. 打开【插入图表】对话框

在【插入】选项卡的【图表】命令组中单击 按钮，弹出【插入图表】对话框，如图

2-74 所示。

行标签	求和项:购买数量
⊟饮料	3462
名仁苏打水	443
脉动	325
美汁源果粒橙（450ml/瓶）	312
小茗同学-智能	304
农夫果园	301
可口可乐-智能	288
农夫茶π	256
雪碧-智能	236
娃哈哈冰红茶（500ml/瓶）-智能	196
山楂树下（350ml/瓶）	178
尖叫	156
七喜（500ml）	156
农夫山泉天然水（550ml/瓶）	147
娃哈哈冰糖雪梨（500ml/瓶）	64
美汁源果粒橙	21
王老吉（500ml/瓶）	21
亿畅	12
娃哈哈龙井绿茶（500ml/瓶）	12
农夫果园番茄+草莓+山楂	6
农夫山泉-智能	6
农夫茶π柚子绿茶	5
冰糖雪梨	4
名仁苏打水-无糖	4
娃哈哈纯净水	3

图 2-73   选择数据

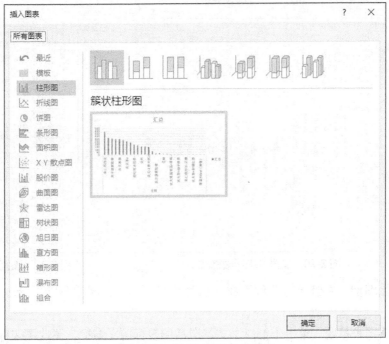

图 2-74   【插入图表】对话框

3. 绘制簇状柱形图

在【所有图表】选项卡中选择【柱形图】选项，单击【确定】按钮，即可绘制簇状柱形图，如图 2-75 所示。

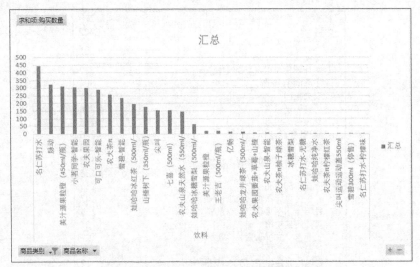

图 2-75　绘制饮料类各商品销量簇状柱形图

4．修改图表元素

（1）设置坐标轴格式。右键单击纵坐标轴刻度，在弹出的快捷菜单中选择【设置坐标轴格式】命令，如图 2-76 所示；弹出【设置坐标轴格式】窗格，将【坐标轴选项】栏中的【最大值】设置为 450.0，如图 2-77 所示。

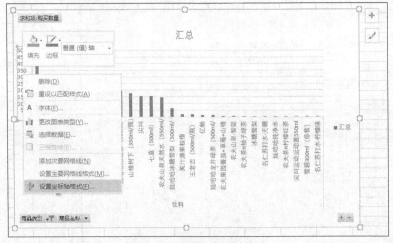

图 2-76　设置纵坐标轴格式

图 2-77　设置纵坐标轴刻度

（2）删除图例。右键单击图例，在弹出的快捷菜单中选择【删除】命令，如图 2-78 所示。

（3）修改图表标题。单击【汇总】文本激活图表标题文本框，更改图表标题为"饮料类各商品销售量排行榜"，并更改标题字体为"微软雅黑"，设置效果如图 2-79 所示。

（4）添加数据标签。右键单击柱形，选择【添加数据标签】命令，如图 2-80 所示，设置效果如图 2-81 所示。

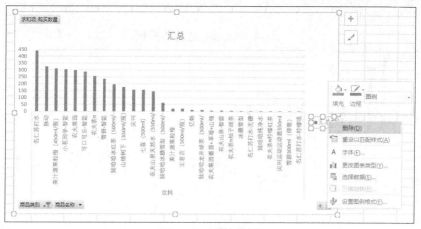

图 2-78　删除图例

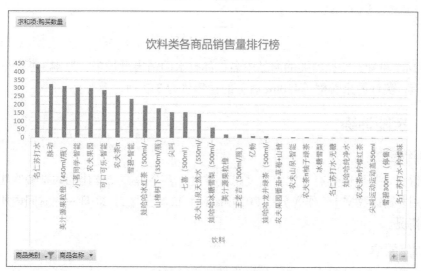

图 2-79　修改图表标题

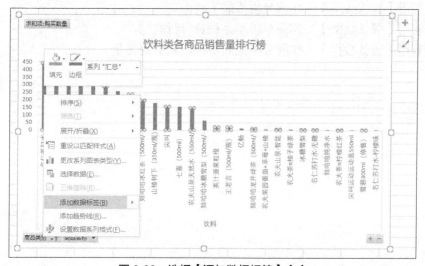

图 2-80　选择【添加数据标签】命令

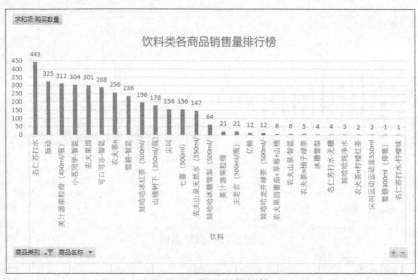

图 2-81　添加数据标签

由图 2-81 可知，在饮料类的商品中名仁苏打水的销售量最多，为 443 瓶，脉动的销售量为 325 瓶，美汁源果粒橙（450ml/瓶）的销售量为 312 瓶，等等。

2.6　技能训练

1．训练目的

某餐饮企业是国内具有一定知名度、美誉度，多品牌、立体化的大型餐饮连锁企业，现需要利用【餐饮数据】工作簿分析 2018 年 8 月 22 日至 8 月 28 日一周时间内所有菜品的整体销售情况。

2．训练要求

（1）利用【餐饮数据】工作簿分析菜品销售额环比。

（2）利用【餐饮数据】工作簿分析菜品毛利率。

（3）利用【餐饮数据】工作簿分析菜品销量排行。

（4）利用【餐饮数据】工作簿分析菜品单价区间的销售量。

项目 ③ 分析区域销售情况

技能目标

（1）能运用 SUMIF 函数[1]计算各区域的销售额。

（2）能创建数据透视表。

（3）能运用数据绘制条形图，并分析各区域销售额。

（4）能运用数据绘制簇状柱形图和折线图，并分析各区域的销售目标达成率。

（5）能运用数据绘制折线图，并分析各区域自动售货机数量与销售额的相关性。

（6）能运用数据绘制树状图[2]，并分析各区域各类别商品的销售量。

知识目标

（1）掌握区域销售额的含义。

（2）掌握目标达成率的含义。

（3）掌握各区域自动售货机数量的含义。

（4）掌握相关分析的含义。

（5）掌握各区域各类别商品的销售量的含义。

项目背景

某零售企业给各个区域制定了本周的销售目标，其中，兰山区为 10000 元，河东区和罗庄区为 5000 元。现企业的区域经理想要了解各个区域的销售额和销售目标的完成情况、各区域的销售额与自动售货机数量的联系，以及各类商品在不同区域的销量。只有用普遍联系的、全面系统的、发展变化的观点观察事物，才能把握事物发展规律。

项目目标

利用区域销售额、区域销售目标达成率、区域售货机数量与销售额相关指标、区域销售量等指标分析各个区域的销售情况。

项目分析

（1）对比分析各区域销售额。

（2）分析各区域销售目标达成率。

（3）分析各区域自动售货机数量与销售额的相关性。

（4）分析各区域各类别商品的销售量。

3.1 各区域销售额对比分析

3.1.1 计算各区域销售额

区域销售额是指各个区域的所有订单消费金额的总和，是衡量各个区域销售状况的重要指标之一。若 S 代表某区域的销售额，i 代表某区域销售订单总数中的第 i 笔订单，A_i 代表某区域第 i 笔订单的消费金额，n 代表某区域销售的订单总数，则各区域销售额的计算公式如式（3-1）所示。

$$S=\sum_{i=1}^{n} A_i \tag{3-1}$$

在【本周销售数据】工作表中，可通过透视表的方式计算各区域的销售额，具体步骤如下。

1. 添加"区域""销售额"辅助字段

打开【本周销售数据】工作表，如图 3-1 所示，在单元格 N1 和 O1 的位置分别添加"区域""销售额"辅助字段，并将"河东区""兰山区""罗庄区"3 个区域名称填入【区域】列，如图 3-2 所示。

	A	B	C	D	E	F	G	H	I	J	K	L	M	N	O
1	区域	售货机ID	购买日期	用户ID	支付方式	商品类别	商品ID	商品名称	购买数量	成本价	销售单价	消费金额			
2	兰山区	73216297341	2018/9/29	102042	微信	饮料	27457	雪碧-智能	1	2.3	3	3			
3	罗庄区	73216394466	2018/9/24	102042	支付宝	饮料	27456	可口可乐-智能	1	2.3	3	3			
4	兰山区	73216297341	2018/9/24	102043	微信	饮料	27457	雪碧-智能	1	2.3	3	3			
5	罗庄区	73199919165	2018/9/24	102043	支付宝	饮料	27456	可口可乐-智能	1	2.3	3	3			
6	河东区	73199912934	2018/9/28	102044	微信	饮料	26464	名仁苏打水	1	2	3	3			
7	兰山区	73202548143	2018/9/28	102045	现金	饼干	31276	小猪佩奇蔓越莓曲奇	1	3.8	5.7	5.7			
8	兰山区	73216297341	2018/9/27	102046	支付宝	饮料	31024	王老吉（500ml/瓶）	1	3.3	4.5	4.5			
9	兰山区	73216297341	2018/9/30	102047	支付宝	饮料	28611	娃哈哈冰红茶（500	1	1.8	3	3			
10	兰山区	73216416000	2018/9/26	102048	支付宝	膨化食品	30085	KDV牌341蛋卷（16	1	5.2	8.5	8.5			
11	兰山区	73202511568	2018/9/26	102049	支付宝	饼干	31369	小猪佩奇蔓越莓曲奇	1	3.7	5.6	5.6			
12	兰山区	73183790506	2018/9/26	102050	支付宝	饮料	28611	娃哈哈冰红茶（500	1	1.8	3	3			
13	兰山区	73216416000	2018/9/26	102051	支付宝	膨化食品	30085	KDV牌341蛋卷（16	1	5.2	8.5	8.5			
14	兰山区	73202508520	2018/9/28	102052	支付宝	饼干	31376	小猪佩奇蔓越莓曲奇	1	3.7	5.6	5.6			
15	兰山区	73165898360	2018/9/30	102053	现金	饼干	34746	小猪佩奇蔓越莓曲奇	1	10	12	12			
16	兰山区	73216317987	2018/9/28	102054	微信	饮料	28611	娃哈哈冰红茶（500	2	1.8	3	6			
17	兰山区	73200109612	2018/9/28	102055	支付宝	饮料	26464	名仁苏打水	1	2	3	3			
18	兰山区	73183806518	2018/9/28	102056	微信	即食便当	26408	焖酥肉	1	6.8	7.9	7.9			
19	兰山区	73216297342	2018/9/28	102057	支付宝	其他	28954	亿智小猪佩奇草莓切	1	11.5	13.5	13.5			
20	兰山区	73165898360	2018/9/28	102058	支付宝	饮料	30635	小茗同学-智能	1	4	5	5			
21	兰山区	73202261635	2018/9/24	102059	支付宝	方便速食	32000	腊肉炒蒜薹	1	2.9	4.6	4.6			
22	兰山区	73183790506	2018/9/30	102060	现金	饮料	27457	雪碧-智能	1	2.3	3	3			

本周销售数据

图 3-1 打开【本周销售数据】工作表

N	O
区域	销售额
河东区	
兰山区	
罗庄区	

图 3-2 添加"区域""销售额"辅助字段及区域名称

2. 计算各区域销售额

在单元格 O2 中输入"=SUMIF(A$2:A$4134,N2,L$2:L$4134)"，按【Enter】键即可计算河东区的销售额，如图 3-3 所示。将鼠标指针移到单元格 O2 的右下角，当指针变为黑色加粗的"+"形状时双击，单元格 O2 下方的单元格会自动复制公式并计算各区域销售额，如图 3-4 所示。

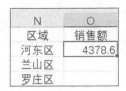

N	O
区域	销售额
河东区	4378.6
兰山区	
罗庄区	

图 3-3　计算河东区销售额

N	O
区域	销售额
河东区	4378.6
兰山区	13203.2
罗庄区	4998.4

图 3-4　计算各区域销售额

3.1.2　绘制条形图分析各区域销售额

基于 3.1.1 小节最终得到的数据绘制条形图，具体步骤如下。

1. 选择数据

N	O
区域	销售额
河东区	4378.6
兰山区	13203.2
罗庄区	4998.4

图 3-5　选择单元格
区域 N2:O4

在【本周销售数据】工作表中选择单元格区域 N2:O4，如图 3-5
所示。

2. 打开【插入图表】对话框

在【插入】选项卡的【图表】命令组中单击 🔲 按钮，弹出【插入图表】对话框，如
图 3-6 所示。

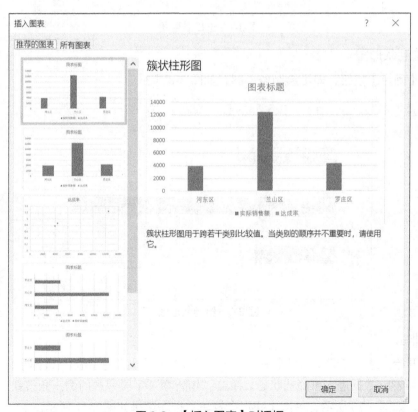

图 3-6　【插入图表】对话框

3. 选择条形图

切换至【所有图表】选项卡，选择【条形图】选项，如图 3-7 所示。

图 3-7　选择条形图

4．绘制条形图

单击【确定】按钮，即可绘制条形图，如图 3-8 所示。

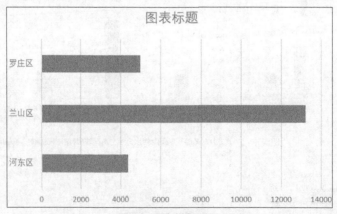

图 3-8　绘制条形图

5．排序

在【开始】选项卡的【编辑】命令组中单击【排序和筛选】图标，选择【筛选】命令，如图 3-9 所示，数据进入可筛选状态。单击"销售额"字段旁边的倒三角按钮，选择【升序】选项，如图 3-10 所示，单击【确定】按钮，排序结果如图 3-11 所示。

6．修改图表元素

单击【图表标题】文本激活图表标题文本框，更改图表标题为"各区域销售额"，并更改标题字体为"微软雅黑"，设置效果如图 3-12 所示。

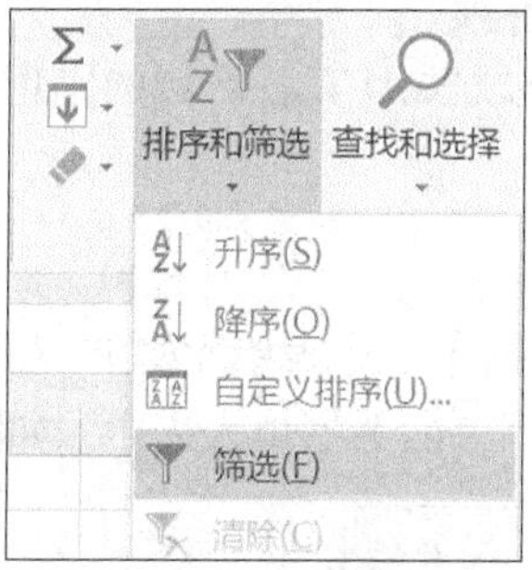

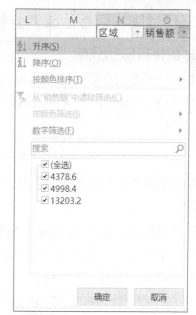

图 3-9 筛选

图 3-10 选择【升序】选项

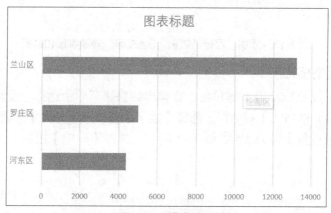

图 3-11 排序结果

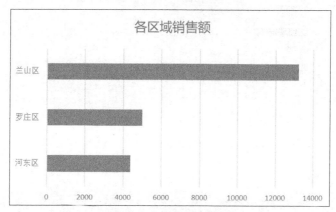

图 3-12 修改图表标题

由图 3-12 可知，3 个区域中，兰山区的销售额最高，其次为罗庄区，河东区的销售额最低。

3.2　各区域销售目标达成率分析

3.2.1　计算销售目标达成率

销售目标达成率是指实际的销售额与制定的目标销售额的比值。销售目标达成率越高，表示经营绩效越高；达成率越低，表示经营绩效越低。销售目标达成率的计算公式如式（3-2）所示。

$$销售目标达成率=\frac{实际销售额}{目标销售额}\times100\%　　　　（3-2）$$

在【本周销售数据】工作表中，可以通过透视表的方式计算各区域的销售目标达成率，具体步骤如下。

1. 添加"目标销售额""达成率"辅助字段

基于 3.1.1 小节计算得到的数据，在【本周销售数据】工作表单元格 P1 和 Q1 的位置分别添加"目标销售额""达成率"辅助字段，并将目标销售额数据填入表中，如图 3-13 所示。

N	O	P	Q
区域	销售额	目标销售额	达成率
河东区	4378.6	5000	
罗庄区	4998.4	10000	
兰山区	13203.2	5000	

图 3-13　添加"目标销售额""达成率"辅助字段和数据

2. 设置单元格格式

选中单元格区域 Q2:Q4 并右键单击，在弹出的快捷菜单中选择【设置单元格格式】命令，弹出【设置单元格格式】对话框，选择【数字】选项卡【分类】列表框中的【百分比】选项，并将【小数位数】设为 2，如图 3-14 所示，单击【确定】按钮。

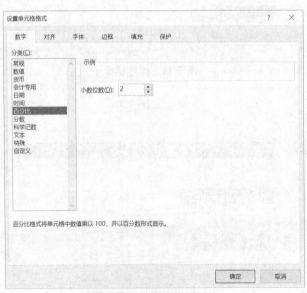

图 3-14　设置单元格格式

3．计算实际销售额与目标销售额的比值

在单元格 Q2 中输入"=O2/P2"，按【Enter】键即可计算河东区的销售目标达成率，如图 3-15 所示。将鼠标指针移到单元格 Q2 的右下角，当指针变为黑色加粗的"+"形状时双击，单元格 Q2 下方的单元格会自动复制公式并计算各区域的销售目标达成率，如图 3-16 所示。

N	O	P	Q
区域	销售额	目标销售额	达成率
河东区	4378.6	5000	87.57%
罗庄区	4998.4	5000	
兰山区	13200.2	10000	

图 3-15　河东区销售目标达成率

N	O	P	Q
区域	销售额	目标销售额	达成率
河东区	4378.6	5000	87.57%
罗庄区	4998.4	5000	99.97%
兰山区	13200.2	10000	132.00%

图 3-16　各区域销售目标达成率

3.2.2　绘制簇状柱形图和折线图分析各区域销售目标达成率

基于 3.2.1 小节最终得到的数据，绘制簇状柱形图和折线图，具体步骤如下。

1．选择数据

在【本周销售数据】工作表中选择单元格区域 N1:O4 和 Q1:Q4，如图 3-17 所示。

N	O	P	Q
区域	销售额	目标销售额	达成率
河东区	4378.6	5000	87.57%
罗庄区	4998.4	5000	99.97%
兰山区	13200.2	10000	132.00%

图 3-17　选择单元格区域 N1:O4 和 Q1:Q4

2．绘制组合图

在【插入】选项卡的【图表】命令组中单击 按钮，弹出【插入图表】对话框，切换至【所有图表】选项卡，单击【组合】选项，默认选择【簇状柱形图-折线图】，如图 3-18 所示，单击【确定】按钮，即可绘制组合图，如图 3-19 所示。

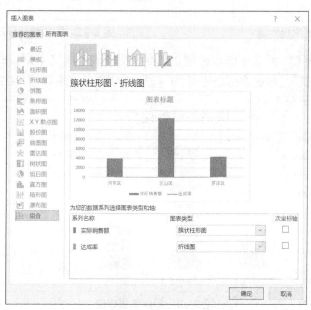

图 3-18　选择组合图

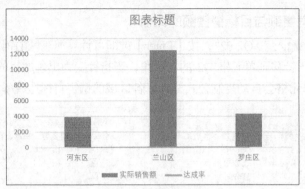

图 3-19　绘制组合图

3. 修改图表元素

（1）设置坐标轴。右键单击折线，在弹出的快捷菜单中选择【设置数据系列格式】命令，在弹出的【设置数据系列格式】窗格中单击选中【系列选项】栏中的【次坐标轴】单选按钮，如图 3-20 所示。

（2）添加数据标签。右键单击折线，在弹出的快捷菜单中选择【添加数据标签】命令，为每段折线添加数据标签，设置效果如图 3-21 所示。

图 3-20　设置次坐标轴

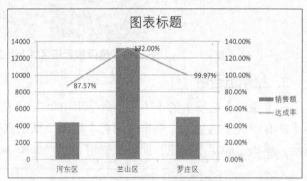

图 3-21　添加数据标签

（3）修改图表标题。单击【图表标题】文本激活图表标题文本框，更改图表标题为"各区域销售目标达成率"，并更改标题字体为"微软雅黑"，效果如图 3-22 所示。

图 3-22　修改图表标题

由图 3-22 可以直观地看出，3 个区域中只有兰山区完成了目标销售额，经营绩效最高；其次是罗庄区，几乎完成了销售目标；而河东区仅完成了 87.57%，经营绩效最低。

3.3 各区域售货机数量与销售额相关分析

3.3.1 计算各区域售货机数量

相关分析是研究两个或者两个以上具有相关性的变量之间的相关关系的统计分析方法，如人的身高和体重。而相关系数是研究变量之间线性相关[3]程度的量，一般用字母 r 表示，n 代表变量 x 或变量 y 的数据个数，x_i 代表变量 x 中的第 i 个数据，$\bar{x}$ 代表变量 x 的平均值[4]，y_i 代表变量 y 中的第 i 个数据，$\bar{y}$ 代表变量 y 的平均值。计算公式如式（3-3）所示。

$$r = \frac{\sum_{i=1}^{n}(x_i - \bar{x})(y_i - \bar{y})}{\sqrt{\sum_{i=1}^{n}(x_i - \bar{x})^2 \sum_{i=1}^{n}(y_i - \bar{y})^2}} \tag{3-3}$$

在【本周销售数据】工作表中，可以通过透视表的方式计算各区域的售货机数量，具体步骤如下。

1. 打开【创建数据透视表】对话框

打开【本周销售数据】工作表，单击数据区域内任一单元格，在【插入】选项卡的【表格】命令组中单击【数据透视表】图标，弹出【创建数据透视表】对话框，如图 3-23 所示。

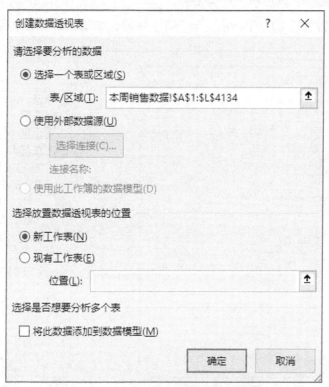

图 3-23 【创建数据透视表】对话框

2. 创建空白数据透视表

单击图 3-23 所示对话框中的【确定】按钮，创建一个空白数据透视表，并显示【数据透视表字段】窗格，如图 3-24 所示。

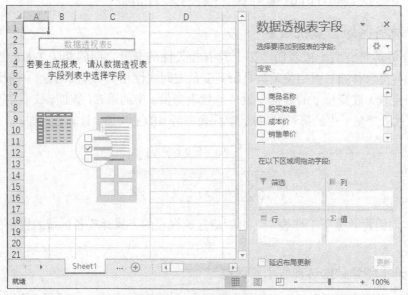

图 3-24　空白数据透视表

3. 添加"区域""售货机 ID"字段

将"区域""售货机 ID"字段拖曳至【行】区域，如图 3-25 所示，创建的数据透视表如图 3-26 所示。

图 3-25　添加数据透视表字段

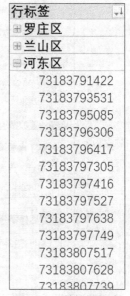

图 3-26　数据透视表

4．不显示分类汇总

不显示图 3-26 所示的数据中的分类汇总[5]，具体步骤如下。

（1）在【设计】选项卡的【布局】命令组中单击【分类汇总】图标，选择【不显示分类汇总】命令，如图 3-27 所示。

图 3-27　不显示分类汇总

（2）在【设计】选项卡的【布局】命令组中单击【总计】图标，选择【对行和列禁用】命令，如图 3-28 所示，效果如图 3-29 所示。

图 3-28　对行和列禁用

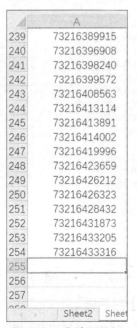

图 3-29　去除汇总行

5. 将透视表转换为表格

将图 3-29 所示的数据透视表数据转换为表格形式，具体步骤如下。

（1）在【设计】选项卡的【布局】命令组中单击【报表布局】图标，选择【以表格形式显示】命令，如图 3-30 所示。

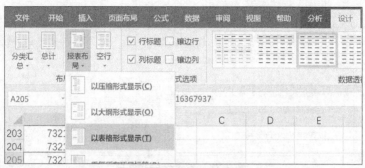

图 3-30　选择【以表格形式显示】命令

（2）在【设计】选项卡的【布局】命令组中单击【报表布局】图标，选择【重复所有项目标签】命令，设置效果如图 3-31 所示。

6. 创建【区域售货机数量】工作表

创建新的工作表并重命名为"区域售货机数量"，将图 3-31 所示转换为表格形式的数据复制到【区域售货机数量】工作表中，如图 3-32 所示。

区域	售货机ID
罗庄区	73182872594
罗庄区	73183528245
罗庄区	73183790482
罗庄区	73183791200
罗庄区	73183792088
罗庄区	73183795418
罗庄区	73183795529
罗庄区	73183796639
罗庄区	73183796861
罗庄区	73183796972
罗庄区	73183797860
罗庄区	73183797971
罗庄区	73183798637
罗庄区	73183798748
罗庄区	73183798859
罗庄区	73183798970

图 3-31　转换为表格形式

	A	B
1	区域	售货机ID
2	河东区	73183791422
3	河东区	73183793531
4	河东区	73183795085
5	河东区	73183796306
6	河东区	73183796417
7	河东区	73183797305
8	河东区	73183797416
9	河东区	73183797527
10	河东区	73183797638
11	河东区	73183797749
12	河东区	73183807517
13	河东区	73183807628
14	河东区	73183807739
15	河东区	73183807850
16	河东区	73183807961
17	河东区	73183808516
18	河东区	73183808738
19	河东区	73183808849
20	河东区	73183809293
21	河东区	73183809848

区域售货机数量

图 3-32　创建【区域售货机数量】工作表

7. 打开【创建数据透视表】对话框

单击【区域售货机数量】工作表数据区域内任一单元格，在【插入】选项卡的【表格】

命令组中单击【数据透视表】图标，弹出【创建数据透视表】对话框，如图 3-33 所示。

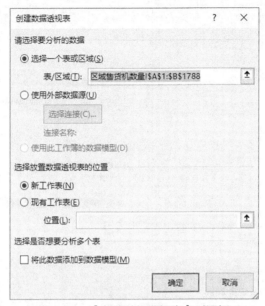

图 3-33 【创建数据透视表】对话框

8. 创建空白数据透视表

在图 3-33 所示的对话框中单击【确定】按钮，创建一个空白数据透视表，并显示【数据透视表字段】窗格，如图 3-34 所示。

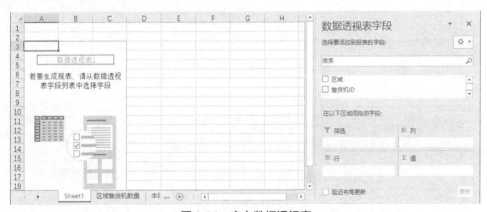

图 3-34 空白数据透视表

9. 添加"区域""售货机 ID"字段

将"区域"字段拖曳至【行】区域，将"售货机 ID"字段拖曳至【值】区域，如图 3-35 所示。

10. 设置值字段

在【数据透视表字段】窗格的【值】区域中，单击【售货机 ID】旁边的倒三角按钮，选择【值字段设置】选项，弹出【值字段设置】对话框，在【值汇总方式】选项卡中选择【计算类型】为【计数】，如图 3-36 所示；单击【确定】按钮，返回【数据透视表字段】窗格，如图 3-37 所示，得到的透视表如图 3-38 所示。

图 3-35 添加字段

图 3-36 【值字段设置】对话框

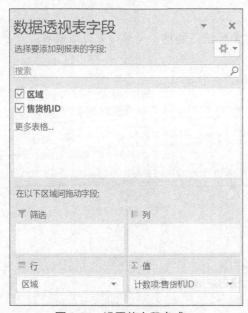

图 3-37 设置值字段完成

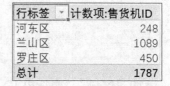

行标签	计数项:售货机ID
河东区	248
兰山区	1089
罗庄区	450
总计	1787

图 3-38 售货机数量

3.3.2 绘制折线图分析各区域自动售货机数量与销售额的相关性

基于 3.1.1 小节和 3.3.1 小节最终得到的数据，绘制折线图，具体步骤如下。

1. 创建【相关性】工作表

创建新的工作表并重命名为"相关性"，将区域销售额数据和售货机数量数据复制到【相关性】工作表中，字段名分别设置为"区域""售货机数量""销售额"，如图 3-39 所示。

2. 绘制折线图

在【相关性】工作表中选择单元格区域 A1:C4，在【插入】选项卡的【图表】命令组中单击 按钮，弹出【插入图表】对话框，切换至【所有图表】选项卡，单击【折线图】选项，直接单击【确定】按钮，即完成折线图绘制，如图 3-40 所示。

图 3-39 创建【相关性】工作表

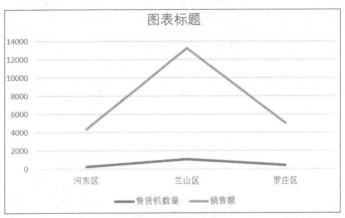

图 3-40 绘制折线图

3. 修改图表元素

（1）添加次坐标轴。右键单击"售货机数量"折线，在弹出的快捷菜单中选择【设置数据系列格式】命令，如图 3-41 所示，在弹出的【设置数据系列格式】对话框中，单击选择【系列选项】栏中的【次坐标轴】。

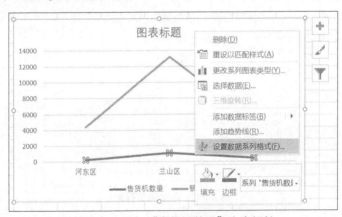

图 3-41 添加"售货机数量"次坐标轴

（2）设置纵坐标轴标题。单击图形右上角的绿色按钮 ，选择【坐标轴标题】，勾选【主要纵坐标轴】和【次要纵坐标轴】，如图 3-42 所示，并将主要纵坐标轴标题改为"销售额"，次要纵坐标轴标题改为"售货机数量"。

（3）添加数据标签。右键单击"售货机数量"折线，在弹出的快捷菜单中选择【添加数据标签】命令，设置效果如图 3-43 所示。

（4）修改图表标题。单击【图表标题】文本激活图表标题文本框，更改图表标题为"各区域自动售货机数量与销售额的相关性"，并更改标题字体为"微软雅黑"，如图 3-44 所示。

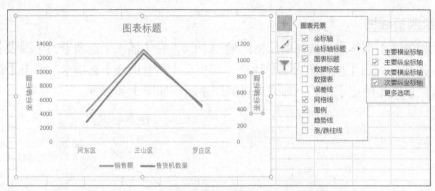

图 3-42 设置"售货机数量"纵坐标轴标题

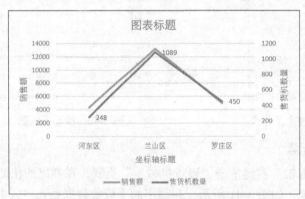

图 3-43 添加"售货机数量"折线的数据标签

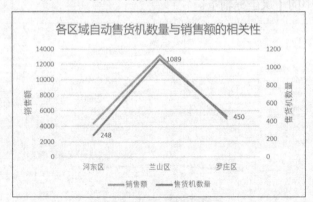

图 3-44 修改图表标题

由图 3-44 可知，各区域的售货机数量与销售额存在一定的正相关关系，即售货机数量越多，销售额越大。

3.4 各区域各类别商品销售量分析

3.4.1 计算各区域各类别商品的销售量

各区域各类别商品的销售量是指各个区域不同类别的商品的销售数量，是衡量各类商品销售情况的一个重要指标。若 T_{ij} 代表某 i 区域的某 j 类商品的销售量，P_{ij} 代表某 i 区域某 j 类商品每笔订单的销售量，n 代表某区域商品类别的个数，则各区域销售量的计算公式如式（3-4）所示。

$$T_{ij} = \sum_{j=0}^{n} P_{ij} \qquad (3-4)$$

在【本周销售数据】工作表中，可以通过透视表的方式计算各区域各类别商品的销售量，具体步骤如下。

1. 打开【创建数据透视表】对话框

打开【本周销售数据】工作表，单击数据区域内任一单元格，在【插入】选项卡的【表格】命令组中单击【数据透视表】图标，弹出【创建数据透视表】对话框，如图 3-45 所示。

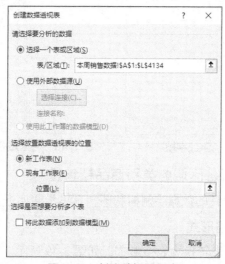

图 3-45　创建数据透视表

2. 创建空白数据透视表

在【创建数据透视表】对话框中单击【确定】按钮，创建一个空白数据透视表，并显示【数据透视表字段】窗格，如图 3-46 所示。

图 3-46　空白数据透视表

3．添加"区域""商品类别""购买数量"字段

将"区域""商品类别"字段拖曳至【行】区域，将"购买数量"字段拖曳至【值】区域，如图 3-47 所示，创建的数据透视表如图 3-48 所示。

图 3-47　添加字段　　　　　　　图 3-48　各区域各类别商品销售量数据透视表

3.4.2　绘制树状图分析各区域各类别商品销售量

基于 3.4.1 小节最终得到的数据绘制树状图，具体步骤如下。

1．将数据转换为表格形式

将图 3-48 所示的透视表转换为表格形式，如图 3-49 所示。

2．创建【各区域商品销售数量】工作表

创建新的工作表并重命名为"各区域商品销售数量"，将图 3-49 中的数据复制到其中，字段名分别设定为"区域""商品类别""销售数量"，如图 3-50 所示。

	A	B	C
1	区域 ▼	商品类别 ▼	求和项:购买数量
2	⊟河东区	饼干	19
3	河东区	蛋糕糕点	51
4	河东区	咖啡	29
5	河东区	牛奶	65
6	河东区	膨化食品	41
7	河东区	其他	14
8	河东区	饮料	757
9	⊟兰山区	饼干	155
10	兰山区	蛋糕糕点	57
11	兰山区	方便速食	227
12	兰山区	即食便当	32
13	兰山区	即食熟肉	5
14	兰山区	咖啡	10
15	兰山区	牛奶	116
16	兰山区	膨化食品	147
17	兰山区	其他	106
18	兰山区	调味品	1
19	兰山区	饮料	1774
20	⊟罗庄区	饼干	20
21	罗庄区	蛋糕糕点	43
22	罗庄区	咖啡	1

Sheet2　本周销售数据　⊕

图 3-49　各区域各类别商品销售量表格

	A	B	C
1	区域	商品类别	销售数量
2	河东区	饼干	19
3	河东区	蛋糕糕点	51
4	河东区	咖啡	29
5	河东区	牛奶	65
6	河东区	膨化食品	41
7	河东区	其他	14
8	河东区	饮料	757
9	兰山区	饼干	155
10	兰山区	蛋糕糕点	57
11	兰山区	方便速食	227
12	兰山区	即食便当	32
13	兰山区	即食熟肉	5
14	兰山区	咖啡	10
15	兰山区	牛奶	116
16	兰山区	膨化食品	147
17	兰山区	其他	106
18	兰山区	调味品	1
19	兰山区	饮料	1774
20	罗庄区	饼干	20
21	罗庄区	蛋糕糕点	43
22	罗庄区	咖啡	1

各区域商品销售数量

图 3-50　各区域商品类别销售量

3．绘制树状图

在【各区域商品销售数量】工作表中选择单元格区域 A1:C27，在【插入】选项卡的【图表】命令组中单击 按钮，弹出【插入图表】对话框，切换至【所有图表】选项卡，单击【树状图】选项，单击【确定】按钮，绘制树状图，如图 3-51 所示。

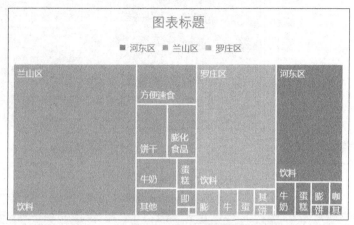

图 3-51　各区域各类别商品销售量树状图

4．修改图表元素

（1）设置数据标签。右键单击数据标签，在弹出的快捷菜单中选择【设置数据标签格式】命令，弹出【设置数据标签格式】窗格，勾选【标签选项】栏中的【值】复选框，如图 3-52 所示。

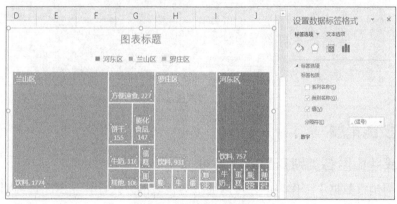

图 3-52　设置数据标签

（2）设置图表区格式。双击图表区的任何空白位置，弹出【设置图表区格式】窗格，在【大小】栏中设置【高度】为 12 厘米，【宽度】为 18 厘米，如图 3-53 所示，设置效果如图 3-54 所示。

（3）修改图表标题。单击【图表标题】文本激活图表标题文本框，更改图表标题为"各区域商品品类销售量"，并更改标题字体为"微软雅黑"，如图 3-55 所示。

由图 3-55 可知，3 个区域销量最高的都是饮料类商品，方便速食、膨化食品、饼干、牛奶、蛋糕糕点的销量相对良好。

图 3-53　设置图表区格式

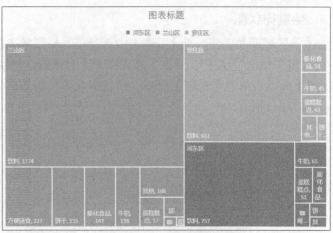

图 3-54　设置效果图

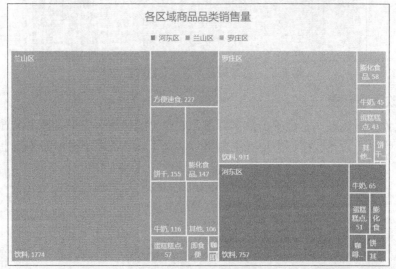

图 3-55　修改图表标题

3.5　技能拓展

3.5.1　计算兰山区各类别商品的销售量

在【本周销售数据】工作表中，可以通过透视表的方式计算兰山区各类别商品的销售量，具体步骤如下。

1. 打开【创建数据透视表】对话框

打开【本周销售数据】工作表，单击数据区域内任一单元格，在【插入】选项卡的【表格】命令组中单击【数据透视表】图标，弹出【创建数据透视表】对话框，如图 3-56 所示。

2. 创建空白数据透视表

在【创建数据透视表】对话框中单击【确定】按钮，创建一个空白数据透视表，并显示【数据透视表字段】窗格，如图 3-57 所示。

图 3-56　创建数据透视表

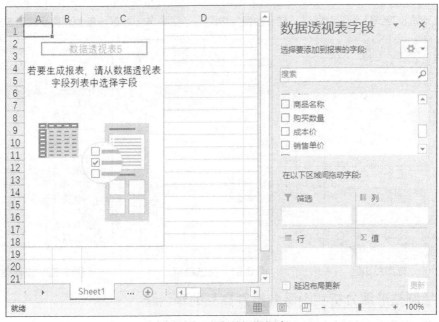

图 3-57　空白数据透视表

3. 添加"区域""商品类别""购买数量"字段

将"区域"字段拖曳至【筛选】区域，将"商品类别"字段拖曳至【行】区域，将"购买数量"字段拖曳至【值】区域，如图 3-58 所示，创建的数据透视表如图 3-59 所示。

4. 筛选兰山区区域数据

单击单元格 B1 旁边的倒三角按钮，选择区域为【兰山区】，如图 3-60 所示；单击【确定】按钮，即可筛选出兰山区的各类别商品销售量，如图 3-61 所示。

5. 排序

单击单元格 A3 旁边的倒三角按钮，选择【其他排序选项】选项，弹出【排序】对话框，选择按降序排序，并选择排序依据为【求和项:购买数量】，单击【确定】按钮，设置效果如图 3-62 所示。

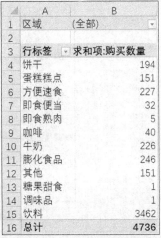

图 3-58 添加"区域""商品类别""购买数量"字段　　图 3-59 各区域各类别商品销售量透视表

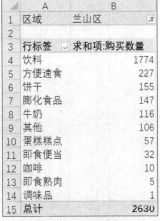

图 3-60 选择兰山区　　　　图 3-61 筛选结果　　　　图 3-62 排序效果

3.5.2 绘制柱形图分析兰山区各类别商品的销售量

基于图 3-62 所获取的数据绘制柱形图，具体步骤如下。

1. 绘制柱形图

选择图 3-62 中的单元格区域 A4:B14，在【插入】选项卡的【图表】命令组中单击图 3-63 所示的【数据透视图】图标。弹出【插入图表】对话框，选择【柱形图】，保持默认选择【簇状柱形图】，单击【确定】按钮，如图 3-64 所示，绘制柱形图，如图 3-65 所示。

图 3-63　选择【数据透视图】命令

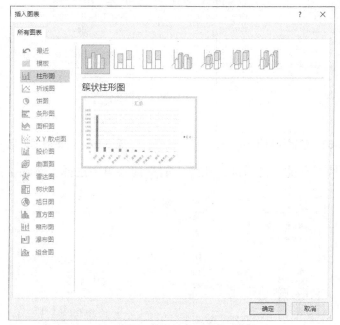

图 3-64　选择【柱形图】选项

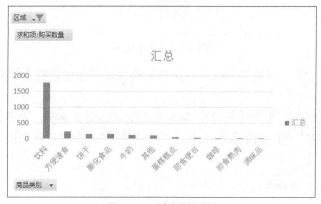

图 3-65　绘制柱形图

2. 修改图表元素

（1）设置坐标轴格式。双击纵坐标轴刻度，弹出【设置坐标轴格式】窗格，将【坐标轴选项】栏中的【单位】设置为 200.0 和 40.0，如图 3-66 所示。

（2）设置数据系列格式。右键单击柱形，在弹出的快捷菜单中选择【设置数据系列格式】命令，弹出【设置数据系列格式】窗格，将【系列选项】栏中的【系列重叠】【间隙宽度】分别设置为–27% 和 56%，如图 3-67 所示。

图 3-66　设置纵坐标轴格式

图 3-67　设置数据系列格式

（3）删除图例。右键单击图例，在弹出的快捷菜单中选择【删除】命令，如图 3-68 所示。

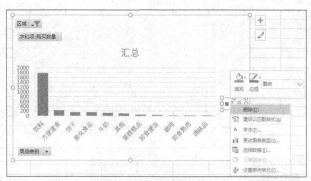

图 3-68　删除图例

（4）添加数据标签。右键单击柱形，在弹出的快捷菜单中选择【添加数据标签】命令，即可添加数据标签。

（5）修改图表标题。单击【汇总】文本激活图表标题文本框，更改图表标题为"兰山区商品品类的销售量"，并更改标题字体为"微软雅黑"，设置效果如图 3-69 所示。

图 3-69　修改图表标题

由图 3-69 可知，本周兰山区商品销售量排名前 5 的依次是饮料、方便速食、饼干、膨化食品和牛奶，调味品的销售量最低。

3.6 技能训练

1. 训练目的

某餐饮企业给各个区域制定了本周的营业额目标，其中，广州和深圳区域各为 40000元，佛山和珠海区域各为 4000 元，现需要利用【餐饮数据】工作簿分析各区域营业情况。

2. 训练要求

（1）利用【餐饮数据】工作簿分析各区域营业额。

（2）利用【餐饮数据】工作簿分析各区域营业额目标达成率。

（3）利用【餐饮数据】工作簿分析各区域门店数量与营业额的相关性。

（4）利用【餐饮数据】工作簿分析各区域各类别菜品的销售量。

项目 ④ 分析商品库存

技能目标

（1）能创建数据透视表。
（2）能用数据绘制簇状柱形图和折线图，并分析库存商品类别的存销比。
（3）能用数据绘制饼图[1]，并分析库存的商品类别占比。

知识目标

（1）掌握库存的存销比的含义。
（2）掌握库存的商品类别占比的含义。

项目背景

某零售企业通过售货机进行商品的销售，该企业的经理想要了解本周库存的状况，即商品类别的存销比各是多少以及哪些商品类别占比较高。

项目目标

利用商品类别的存销比、商品类别的占比等指标分析商品库存。

项目分析

（1）计算商品类别的存销比。
（2）计算商品类别的占比。

4.1 库存的存销比分析

4.1.1 计算存销比

存销比是指在一个周期内，期末库存与周期内总销售量的比值。存销比的意义在于它可以揭示一个单位的销售额需要多少个单位的库存来支持。存销比过高意味着库存总量或者销售结构不合理，资金效率低；存销比过低意味着库存不足，生意难以最大化。存销比还是反映库存周转率[2]的一个常用指标，越是畅销的商品，其存销比值越小，说明商品的库存周转率越高；越是滞销的商品，其存销比值就越大，说明商品的库存周转率越低。存销比的计算公式如式（4-1）所示。

$$存销比 = \frac{期末库存数据}{周期内销售数量} \times 100\% \tag{4-1}$$

1. 计算库存数量

在【本周库存数据】工作表中，通过透视表的方式计算 2018 年 9 月 30 日的库存数量，具体步骤如下。

（1）打开【创建数据透视表】对话框。打开【本周库存数据】工作表，单击数据区域内任一单元格，在【插入】选项卡的【表格】命令组中单击【数据透视表】图标，弹出【创建数据透视表】对话框，如图 4-1 所示。

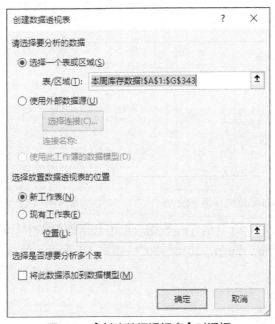

图 4-1 【创建数据透视表】对话框

（2）创建空白数据透视表。单击【确定】按钮，创建一个空白数据透视表，并显示【数据透视表字段】窗格，如图 4-2 所示。

图 4-2 空白数据透视表

Excel 数据分析与可视化

（3）添加"日期""商品类别""库存数量"字段。将"日期""商品类别"字段拖曳至【行】区域，"库存数量"字段拖曳至【值】区域，如图 4-3 所示，创建的数据透视表如图 4-4 所示。

图 4-3　添加数据透视表字段

图 4-4　数据透视表

（4）计算 2018 年 9 月 30 日的库存数据。单击数据透视表中单元格 A1 的倒三角按钮，弹出【选择字段】对话框，选择"2018/9/30"，如图 4-5 所示，单击【确定】按钮，结果如图 4-6 所示。

图 4-5　选择日期

图 4-6　2018 年 9 月 30 日的库存数据

2．计算本周销售数量

在【本周销售数据】工作表中，通过透视表的方式计算本周销售数量，具体的步骤如下。

（1）打开【创建数据透视表】对话框。打开【本周销售数据】工作表，单击数据区域内任一单元格，在【插入】选项卡的【表格】命令组中单击【数据透视表】命令，弹出【创建数据透视表】对话框，如图 4-7 所示。

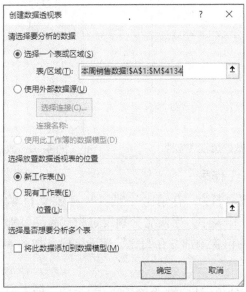

图 4-7　【创建数据透视表】对话框

（2）创建空白数据透视表。单击【确定】按钮，创建一个空白数据透视表，并显示【数据透视表字段】窗格，如图 4-8 所示。

图 4-8　空白数据透视表

（3）添加"商品类别""购买数量"字段。将"商品类别"字段拖曳至【行】区域，将

Excel 数据分析与可视化

"购买数量"字段拖曳至【值】区域，如图 4-9 所示，创建的数据透视表如图 4-10 所示。

图 4-9　数据透视表字段

图 4-10　数据透视表

3. 创建【存销比】工作表

创建新的工作表并重命名为"存销比"，将【库存数量】【购买数量】数据透视表中的数据复制到【存销比】工作表中，字段名分别设定为"商品类别""期末库存数量""销售数量"，并在单元格 D1 的位置添加"存销比"辅助字段，如图 4-11 所示。

4. 计算存销比

在【存销比】工作表的单元格 D2 中输入"=B2/C2"，按【Enter】键即可计算饼干类商品的存销比，将鼠标指针移到单元格 D2 的右下角，当指针变为黑色加粗的"+"形状时双击，单元格 D2 下方的单元格会自动复制公式并计算其他类别商品的存销比，如图 4-12 所示。

	A	B	C	D
1	商品类别	期末库存数	销售数量	存销比
2	饼干	114	194	
3	蛋糕糕点	148	151	
4	方便速食	108	227	
5	即食便当	10	32	
6	即食熟肉	2	5	
7	咖啡	12	40	
8	牛奶	90	226	
9	膨化食品	88	246	
10	其他	128	151	
11	糖果甜食	4	1	
12	调味品	3	1	
13	饮料	1734	3462	
14				

本周库存数据　Sheet1　存销比

图 4-11　创建【存销比】工作表

	A	B	C	D
1	商品类别	期末库存数	销售数量	存销比
2	饼干	114	194	0.587629
3	蛋糕糕点	148	151	0.980132
4	方便速食	108	227	0.475771
5	即食便当	10	32	0.3125
6	即食熟肉	2	5	0.4
7	咖啡	12	40	0.3
8	牛奶	90	226	0.39823
9	膨化食品	88	246	0.357724
10	其他	128	151	0.847682
11	糖果甜食	4	1	4
12	调味品	3	1	3
13	饮料	1734	3462	0.500867
14				

本周库存数据　Sheet1　存销比

图 4-12　存销比

5. 设置单元格格式

选中并右键单击【存销比】工作表中的单元格区域 D2:D13，在弹出的快捷菜单中选择【设置单元格格式】命令，打开【设置单元格格式】对话框，选择【数字】选项卡【分类】列表框中的【百分比】选项，并将【小数位数】设为 2，如图 4-13 所示，单击【确定】按钮，效果如图 4-14 所示。

图 4-13 设置单元格格式

图 4-14 【存销比】工作表部分数据

4.1.2 绘制簇状柱形图和折线图分析库存的存销比

基于 4.1.1 小节最终得到的数据，绘制簇状柱形图和折线图，分析库存的存销比，具体步骤如下。

1. 选择数据

在【存销比】工作表中选择单元格区域 A1:D13，如图 4-15 所示。

	A	B	C	D
1	商品类别	期末库存数	销售数量	存销比
2	饼干	114	194	58.76%
3	蛋糕糕点	148	151	98.01%
4	方便速食	108	227	47.58%
5	即食便当	10	32	31.25%
6	即食熟肉	2	5	40.00%
7	咖啡	12	40	30.00%
8	牛奶	90	226	39.82%
9	膨化食品	88	246	35.77%
10	其他	128	151	84.77%
11	糖果甜食	4	1	400.00%
12	调味品	3	1	300.00%
13	饮料	1734	3462	50.09%

本周库存数据　Sheet1　存销比

图 4-15 选择数据

2. 打开【插入图表】对话框

在【插入】选项卡的【图表】命令组中单击 按钮，弹出【插入图表】对话框，切换至【所有图表】选项卡，如图 4-16 所示。

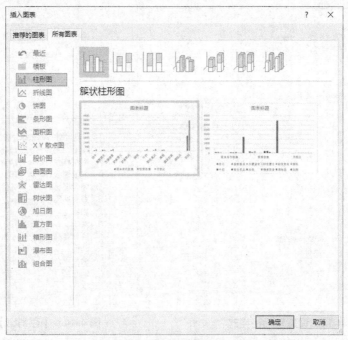

图 4-16　【插入图表】对话框

3．选择组合图

单击【组合图】选项，默认选择【簇状柱形图-折线图】，设置次坐标轴为存销比，如图 4-17 所示。

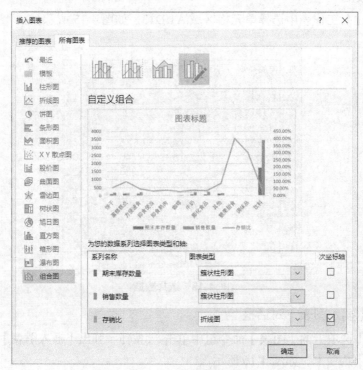

图 4-17　选择组合图

4．绘制组合图

单击【确定】按钮，即可绘制组合图，如图 4-18 所示。

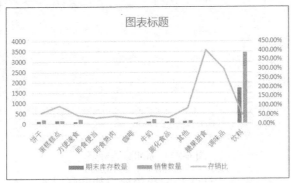

图 4-18　绘制组合图

5．修改图表元素

（1）修改图表标题。单击【图表标题】文本激活图表标题文本框，更改图表标题为"销售数量、期末库存数量和存销比的组合图"，并更改标题字体为"微软雅黑"，设置效果如图 4-19 所示。

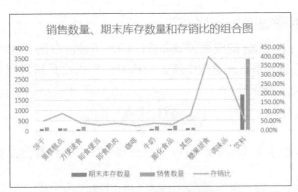

图 4-19　修改图表标题

（2）添加数据标签。右键单击折线，在弹出的快捷菜单中选择【添加数据标签】命令，如图 4-20 所示，为每段折线添加数据标签，设置效果如图 4-21 所示。

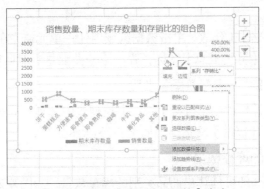

图 4-20　选择【添加数据标签】命令

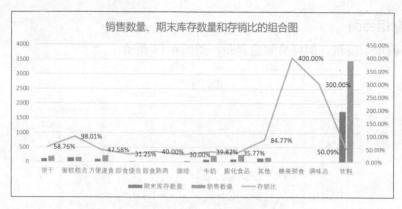

图 4-21　添加数据标签

由图 4-21 可知，糖果甜食和调味品的存销比折线图异常高，而"销售数量""期末库存数量"却十分少，这意味着这两类商品的库存总量或销售数量不合理，出现这种情况的原因常常是商品滞销；饮料类的商品存销比值较小，且"销售数量""期末库存数量"比较大，这在一定程度上说明饮料类商品的周转率较高，或者说饮料类商品是畅销的商品。

4.2　库存的商品类别占比分析

4.2.1　计算库存的商品类别占比

在现实生活中，占比指标的应用领域非常广泛，如股份占比、地区占比、库存占比等，其意义在于能计算某个个体数在总数中所占的比重，即占比是指目标个数占总数的比例，其计算公式如式（4-2）所示。

$$占比 = \frac{目标个数}{总数} \times 100\% \tag{4-2}$$

在【本周库存数据】工作表中，可以通过透视表的方式计算商品类别的占比，具体步骤如下。

1．对"商品类别"进行排序处理

打开【本周库存数据】工作表，单击"商品类别"字段的数据区域内任一单元格，在【开始】选项卡的【编辑】命令组中单击【排序和筛选】图标，选择【降序】命令。

2．创建分类汇总

打开【本周库存数据】工作表，单击数据区域内任一单元格，在【数据】选项卡的【分级显示】命令组中单击【分类汇总】图标，弹出【分类汇总】对话框，如图 4-22 所示。

3．添加"商品类别""库存数量"字段

在【分类汇总】对话框中的【分类字段】下拉列表中选择"商品类别"，在【选定汇总项】选项框中勾选【库存数量】复选框，如图 4-23 所示。

4．计算商品类别的库存数量

单击【确定】按钮，即可计算出商品类别的库存数量，如图 4-24 所示，单击左上角的数字 2 按钮，即可得到如图 4-25 所示的库存数量汇总。

图 4-22 【分类汇总】对话框

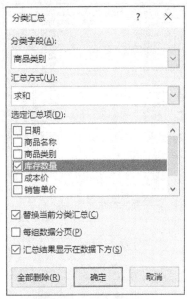

图 4-23 添加字段

图 4-24 各类商品的库存数量

C	D
商品类别	库存数量
饮料 汇总	10488
调味品 汇总	8
糖果甜食 汇总	9
其他 汇总	604
膨化食品 汇总	574
牛奶 汇总	609
咖啡 汇总	84
即食热肉 汇总	10
即食便当 汇总	82
方便速食 汇总	859
蛋糕糕点 汇总	604
饼干 汇总	612
总计	14543

图 4-25 库存数量汇总

5. 添加"占比"辅助字段

在单元格 H1 中添加"占比"辅助字段，如图 4-26 所示。

6. 设置单元格格式

选中并右键单击单元格区域 H148:H355，在弹出的快捷菜单中选择【设置单元格格式】命令，弹出【设置单元格格式】对话框，选择【数字】选项卡【分类】列表框中的【百分比】选项，并将【小数位数】设为 2，如图 4-27 所示，单击【确定】按钮。

图 4-26　添加"占比"辅助字段

图 4-27　设置单元格格式

7．计算商品类别的占比

在单元格 H2 中输入 "=D148/$D$356"，按【Enter】键即可计算饼干类商品的占比，将鼠标指针移到单元格 H2 的右下角，当指针变为黑色加粗的 "+" 形状时双击，单元格 H2 下方的单元格会自动复制公式并计算出其他商品类别的占比，如图 4-28 所示。

4.2.2　绘制饼图分析库存的商品类别占比

基于图 4-29 计算的商品类别占比的数据，绘制库存商品类别占比的饼图，具体步骤如下。

1．选择数据

选择商品类别和占比数据，如图 4-29 所示。

图 4-28　计算其他商品类别的占比

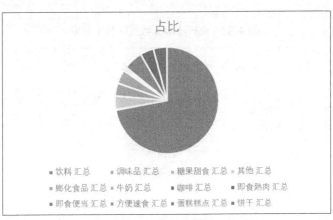

图 4-29　选择数据

2. 绘制饼图

在【插入】选项卡的【图表】命令组中单击 按钮，弹出【插入图表】对话框，切换至【所有图表】选项卡，选择【饼图】选项，单击【确定】按钮，即可绘制饼图，如图 4-30 所示。

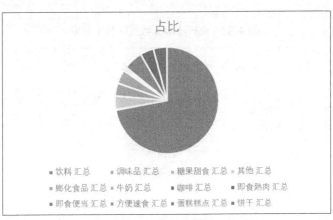

图 4-30　绘制饼图

3. 修改图表元素

（1）修改图表标题。单击【占比】文本激活图表标题文本框，更改图表标题为"库存各类商品占比",并更改标题字体为"微软雅黑",设置效果如图 4-31 所示。

图 4-31 修改图表标题

(2)添加数据标签。右键单击饼图,在弹出的快捷菜单中选择【添加数据标签】命令,如图 4-32 所示,设置效果如图 4-33 所示。

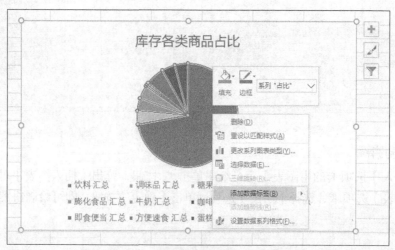

图 4-32 选择【添加数据标签】命令

图 4-33 添加数据标签效果

由图 4-33 可知，饮料类商品的库存数量占比最大，高达 72.12%。

4.3 技能拓展

4.3.1 计算库存的周转率

库存周转率又名存货周转率，是用来衡量和评价企业库存管理状况的综合性指标，能够反映某一日期段内库存货物周转的次数。周转率越大，表明销售情况越好。库存周转率的计算公式如式（4-3）所示。

$$库存周转率=\frac{期间出库总金额}{期间平均库存金额}\times100\% \tag{4-3}$$

在【周转率】工作表中，先通过月初库存金额和月底库存金额计算平均库存金额，再利用式（4-3）计算库存周转率，具体步骤如下。

1. 添加"平均库存金额""周转率"辅助字段

打开【周转率】工作表，在单元格 E1 中添加"平均库存金额"辅助字段，在单元格 F1 中添加"周转率"辅助字段，如图 4-34 所示。

	A	B	C	D	E	F
1	月份	出库金额	月初库存金额	月底库存金额	平均库存金额	周转率
2	1月	26785	10353	10115		
3	2月	25675	11352	9354		
4	3月	28099	10323	10991		
5	4月	29890	10021	10243		
6	5月	35678	11434	11658		
7	6月	36788	11424	11750		
8	7月	33254	11213	10155		
9	8月	31263	10233	10183		
10	9月	30789	10231	9379		

图 4-34　添加"平均库存金额""周转率"辅助字段

2. 计算平均库存金额

在单元格 E2 输入"=(C2+D2)/2"，按【Enter】键即可计算 1 月的平均库存金额，将鼠标指针移到单元格 E2 的右下角，当指针变为黑色加粗的"+"形状时双击，单元格 E2 下方的单元格会自动复制公式并计算其他月份的平均库存金额，如图 4-35 所示。

	A	B	C	D	E	F
1	月份	出库金额	月初库存金额	月底库存金额	平均库存金额	周转率
2	1月	26785	10353	10115	10234	
3	2月	25675	11352	9354	10353	
4	3月	28099	10323	10991	10657	
5	4月	29890	10021	10243	10132	
6	5月	35678	11434	11658	11546	
7	6月	36788	11424	11750	11587	
8	7月	33254	11213	10155	10684	
9	8月	31263	10233	10183	10208	
10	9月	30789	10231	9379	9805	

图 4-35　计算平均库存金额

3. 设置单元格格式

选中并右键单击图 4-35 中的单元格区域 F2:F10，在弹出的快捷菜单中选择【设置单元格格式】命令，弹出【设置单元格格式】对话框，选择【数字】选项卡【分类】列表框中的【百分比】选项，并将【小数位数】设为 2，如图 4-36 所示，单击【确定】按钮。

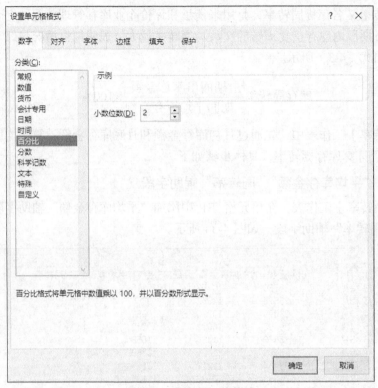

图 4-36　设置单元格格式

4. 计算周转率

在单元格 F2 输入"=B2/E2"，按【Enter】键即可计算 1 月的周转率，将鼠标指针移到单元格 F2 的右下角，当指针变为黑色加粗的"+"形状时双击，单元格 F2 下方的单元格会自动复制公式并计算其他月份的周转率，如图 4-37 所示。

	A	B	C	D	E	F
1	月份	出库金额	月初库存金额	月底库存金额	平均库存金额	周转率
2	1月	26785	10353	10115	10234	261.73%
3	2月	25675	11352	9354	10353	248.00%
4	3月	28099	10323	10991	10657	263.67%
5	4月	29890	10021	10243	10132	295.01%
6	5月	35678	11434	11658	11546	309.01%
7	6月	36788	11424	11750	11587	317.49%
8	7月	33254	11213	10155	10684	311.25%
9	8月	31263	10233	10183	10208	306.26%
10	9月	30789	10231	9379	9805	314.01%

图 4-37　计算周转率

4.3.2 绘制折线图分析库存周转率

基于图 4-37 所示的数据，绘制折线图，具体步骤如下。

1. 选择数据

在图 4-37 所示工作表中选择单元格区域 A1:A10 和 F1:F10，如图 4-38 所示。

	A	B	C	D	E	F
1	月份	出库金额	月初库存金额	月底库存金额	平均库存金额	周转率
2	1月	26785	10353	10115	10234	261.73%
3	2月	25675	11352	9354	10353	248.00%
4	3月	28099	10323	10991	10657	263.67%
5	4月	29890	10021	10243	10132	295.01%
6	5月	35678	11434	11658	11546	309.01%
7	6月	36788	11424	11750	11587	317.49%
8	7月	33254	11213	10155	10684	311.25%
9	8月	31263	10233	10183	10208	306.26%
10	9月	30789	10231	9379	9805	314.01%

图 4-38 选择数据

2. 绘制折线图

在【插入】选项卡的【图表】命令组中单击 按钮，弹出【插入图表】对话框，切换至【所有图表】选项卡，选择【折线图】选项，单击【确定】按钮，即可绘制折线图，如图 4-39 所示。

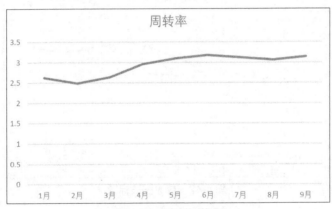

图 4-39 绘制折线图

3. 修改图表元素

（1）设置坐标轴格式。右键单击纵坐标轴刻度，在弹出的快捷菜单中选择【设置坐标轴格式】命令，如图 4-40 所示；弹出【设置坐标轴格式】窗格，将【坐标轴选项】栏中的【边界】的【最小值】和【最大值】分别设为 2.0 和 3.2，【单位】的【大】【小】设为 0.2 和 0.04，如图 4-41 所示。

（2）修改图表标题。单击【周转率】文本激活图表标题文本框，更改图表标题为"库存周转率"，并更改标题字体为"微软雅黑"，设置效果如图 4-42 所示。

由图 4-42 可知，库存周转率的折线图整体呈现上升的趋势。其中，在 2 月份折线处于最低点，可见 2 月份的销售相对于其他月份而言不是很理想；9 月份的周转率相对于 8 月

Excel 数据分析与可视化

份有所上升，说明 9 月份售货机数量的增加促进了商品的销售。

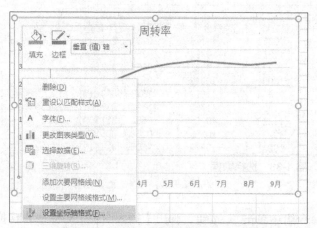

图 4-40　选择【设置坐标轴格式】命令

图 4-41　设置纵坐标轴格式

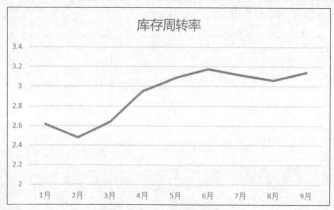

图 4-42　修改图表标题

4.4　技能训练

1．训练目的

库存分析能够帮助餐饮企业调整菜品库存数量，保持供需平衡，提高顾客满意度。现需要利用【餐饮库存】工作簿分析库存情况。

2．训练要求

（1）利用【餐饮库存】工作簿分析存销比。

（2）利用【餐饮库存】工作簿分析库存的菜品类别占比。

项目 ⑤ 分析用户行为

技能目标

（1）能创建数据透视表。
（2）能运用 COUNTIF 函数[1]计数。
（3）能运用 SUM 函数[2]求和。
（4）能运用数据绘制带数据标记的折线图，并分析客单价。
（5）能运用数据绘制三维饼图，并分析用户复购率。
（6）能运用数据绘制圆环图[3]，并分析用户支付偏好。

知识目标

（1）掌握客单价的含义。
（2）掌握复购率的含义。
（3）掌握支付方式占比的含义。

项目背景

对用户的购买行为进行分析，有助于了解用户的消费特点，提供个性化的服务，从而提升用户体验和忠诚度。现某零售企业的销售经理想要通过客单价、用户复购情况和支付偏好了解本周自动售货机用户的消费特点，以便为用户提供更好的服务。

项目目标

利用客单价、复购率和支付偏好等指标分析用户行为。

项目分析

（1）分析客单价。
（2）分析用户复购率。
（3）分析用户支付偏好。

5.1 客单价分析

5.1.1 计算客单价

客单价的本质是一定时期内，每个用户的平均消费金额。离开了"一定时期"这个范围，客单价这个指标是没有任何意义的。若用 P_i、A_i、C_i 分别表示第 i 天的客单价、总的销售额和用户数量，则客单价的计算公式如式（5-1）所示。

$$P_i = \frac{A_i}{C_i} \qquad (5\text{-}1)$$

在【本周销售数据】工作表中，可以通过透视表的方式计算客单价，具体步骤如下。

1. 打开【创建数据透视表】对话框

打开【本周销售数据】工作表，单击数据区域内任一单元格，在【插入】选项卡的【表格】命令组中单击【数据透视表】命令，弹出【创建数据透视表】对话框，如图 5-1 所示。

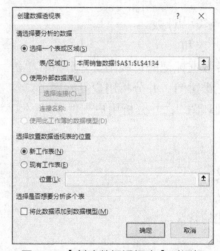

图 5-1 【创建数据透视表】对话框

2. 创建空白数据透视表

在【创建数据透视表】对话框中单击【确定】按钮，创建一个空白数据透视表，并显示【数据透视表字段】窗格，如图 5-2 所示。

图 5-2 空白数据透视表

3. 添加"购买日期""消费金额""用户 ID"字段

将"购买日期"字段拖曳至【行】区域，将"用户 ID""消费金额"字段拖曳至【值】区域，如图 5-3 所示。

图 5-3 添加字段

4. 设置值字段

在图 5-3 所示的【数据透视表字段】窗格的【值】区域中，单击【用户 ID】选项旁边的倒三角按钮，选择【值字段设置】选项，弹出【值字段设置】对话框，在【值汇总方式】选项卡中选择【计算类型】为【计数】，如图 5-4 所示。单击【确定】按钮，创建的透视表如图 5-5 所示。

图 5-4 设置值字段

5. 创建【客单价】工作表

创建新的工作表并重命名为"客单价",将图 5-5 所示数据透视表中的数据复制到【客单价】工作表中,字段名分别设定为"日期""消费金额""用户数量",如图 5-6 所示。

行标签	计数项:用户ID	求和项:消费金额
2018/9/24	429	2360.3
2018/9/25	427	2491.1
2018/9/26	493	2618.7
2018/9/27	656	3510.3
2018/9/28	681	3790.6
2018/9/29	755	4081.1
2018/9/30	692	3728.1
总计	4133	22580.2

图 5-5　创建的透视表

	A	B	C
1	日期	消费金额	用户数量
2	2018/9/24	2360.3	429
3	2018/9/25	2491.1	427
4	2018/9/26	2618.7	493
5	2018/9/27	3510.3	656
6	2018/9/28	3790.6	681
7	2018/9/29	4081.1	755
8	2018/9/30	3728.1	692

客单价　本周销售数据

图 5-6　创建【客单价】工作表

6. 计算客单价

在【客单价】工作表单元格 D1 的位置添加"客单价"辅助字段,并在单元格 D2 中输入"=B2/C2",按【Enter】键即可计算 2018 年 9 月 24 日的客单价,将鼠标指针移到单元格 D2 的右下角,当指针变为黑色加粗的"+"形状时双击,单元格 D2 下方的单元格会自动复制公式,计算各个日期的客单价,如图 5-7 所示。

	A	B	C	D
1	日期	消费金额	用户数量	客单价
2	2018/9/24	2360.3	429	5.501865
3	2018/9/25	2491.1	427	5.833958
4	2018/9/26	2618.7	493	5.311765
5	2018/9/27	3510.3	656	5.351067
6	2018/9/28	3790.6	681	5.566226
7	2018/9/29	4081.1	755	5.40543
8	2018/9/30	3728.1	692	5.387428

图 5-7　计算客单价

7. 设置单元格格式

选中并右键单击【客单价】工作表中的单元格区域 D2:D8,在弹出的快捷菜单中选择【设置单元格格式】命令,弹出【设置单元格格式】对话框,选择【数字】选项卡【分类】列表框中的【数值】选项,并将【小数位数】设为 2,如图 5-8 所示;单击【确定】按钮,客单价计算结果如图 5-9 所示。

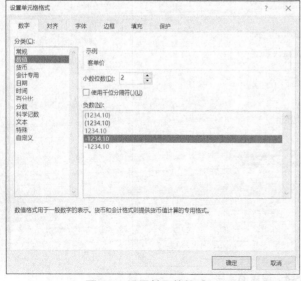

图 5-8　设置单元格格式

	A	B	C	D
1	时间	消费金额	客户数量	客单价
2	2018/9/24	2360.3	429	5.50
3	2018/9/25	2491.1	427	5.83
4	2018/9/26	2618.7	493	5.31
5	2018/9/27	3510.3	656	5.35
6	2018/9/28	3790.6	681	5.57
7	2018/9/29	4081.1	755	5.41
8	2018/9/30	3728.1	692	5.39

图 5-9　客单价计算结果

由图 5-9 可知，2018 年 9 月 24 日至 2018 年 9 月 30 日的客单价分别为 5.50 元、5.83元、5.31 元、5.35 元、5.57 元、5.41 元及 5.39 元。

5.1.2 绘制带数据标记的折线图分析客单价

基于 5.1.1 小节最终得到的【客单价】工作表数据，绘制折线图分析客单价，具体步骤如下。

1. 绘制带数据标记的折线图

选择【客单价】工作表中的单元格区域 A2:D8 和 D2:D8，在【插入】选项卡的【图表】命令组中单击 按钮，弹出【插入图表】对话框，切换至【所有图表】选项卡，单击【折线图】选项，选择【带数据标记的折线图】，单击【确定】按钮，即可绘制折线图，如图5-10 所示。

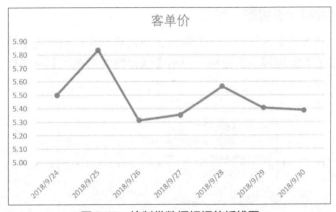

图 5-10 绘制带数据标记的折线图

2. 修改图表元素

（1）添加数据标签。右键单击折线，在弹出的快捷菜单中选择【添加数据标签】命令，即可添加数据标签。

（2）修改图表标题。单击激活图表标题文本框，设置图表标题为"客单价"，并更改标题字体为"微软雅黑"，结果如图 5-11 所示。

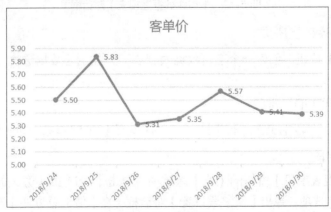

图 5-11 客单价

由图 5-11 可知，本周客单价处于 5 和 6 之间，整体偏低。说明用户偏向于购买单价较低的商品，企业可以通过举办促销活动的方式促成用户一次购买多个商品或者多次购买，从而提高客单价。

5.2　用户复购率分析

5.2.1　计算复购率

复购率是指购买两次或者两次以上的用户人数占总用户人数的比率，复购率越高，则反映出用户对品牌的忠诚度就越高，反之则越低。若用 FR 表示复购率，R 表示购买两次或者两次以上的用户数量，G 表示消费者总数量，则复购率的计算公式如式（5-2）所示。

$$FR = \frac{R}{G} \tag{5-2}$$

1. 打开【创建数据透视表】对话框

打开【本周销售数据】工作表，单击数据区域内任一单元格，在【插入】选项卡的【表格】命令组中单击【数据透视表】图标，弹出【创建数据透视表】对话框，如图 5-12 所示。

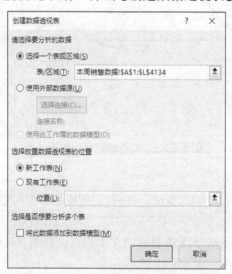

图 5-12　【创建数据透视表】对话框

2. 创建空白数据透视表

单击【确定】按钮，创建一个空白数据透视表，并显示【数据透视表字段】窗格，如图 5-13 所示。

3. 添加"用户 ID"字段

将"用户 ID"字段拖曳至【行】区域，再拖曳至【值】区域，如图 5-14 所示。

4. 设置值字段

在【数据透视表字段】窗格的【值】区域中，单击【用户 ID】旁边的倒三角按钮，选择【值字段设置】选项，弹出【值字段设置】对话框，在【值汇总方式】选项卡中选择【计算类型】为【计数】，如图 5-15 所示，单击【确定】按钮，创建的透视表如图 5-16 所示。

图 5-13 空白数据透视表

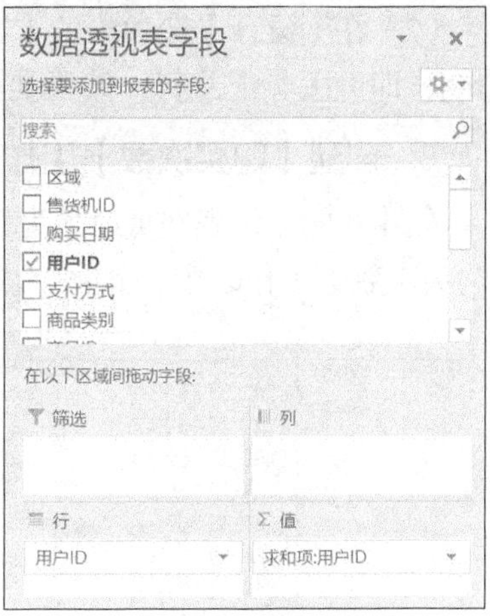

图 5-14 添加字段

图 5-15 设置值字段

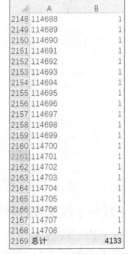

图 5-16 用户消费次数透视表

由图 5-16 可知，本周所有用户的总交易次数为 4133 次。

5. 不显示分类汇总

（1）在【设计】选项卡的【布局】命令组中单击【分类汇总】图标，选择【不显示分类汇总】命令，如图 5-17 所示。

图 5-17 不显示分类汇总

（2）在【设计】选项卡的【布局】命令组中单击【总计】图标，选择【对行和列禁用】命令，即可去除汇总行，效果如图 5-18 所示。

6. 创建【购买次数】工作表

创建新的工作表并重命名为"购买次数"，将用户消费次数透视表中的 B 列数据复制到【购买次数】工作表中，并将字段名更改为"购买次数"，如图 5-19 所示。

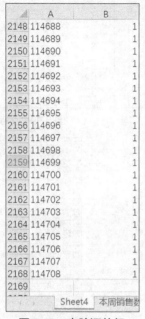

图 5-18　去除汇总行

图 5-19　创建【购买次数】工作表

7. 打开【创建数据透视表】对话框

单击【购买次数】工作表数据区域内任一单元格，在【插入】选项卡的【表格】命令组中单击【数据透视表】图标，弹出【创建数据透视表】对话框，如图 5-20 所示。

图 5-20　【创建数据透视表】对话框

8. 创建空白数据透视表

在【创建数据透视表】对话框中单击【确定】按钮，创建一个空白数据透视表，并显示【数据透视表字段】窗格，如图 5-21 所示。

图 5-21 空白数据透视表

9. 计算各类购买次数对应的用户数量

（1）将"购买次数"字段拖曳至【行】【值】区域。

（2）在【数据透视表字段】窗格的【值】区域中，单击【用户 ID】旁边的倒三角按钮，选择【值字段设置】选项，弹出【值字段设置】对话框，在【值汇总方式】选项卡中选择【计算类型】为【计数】，单击【确定】按钮，创建透视表如图 5-22 所示。

（3）对购买次数重新分类和汇总，分为 1 次、2 次、3 次、4 次、5 次及以上共 5 个类别，分别统计对应的用户数量，如图 5-23 所示。

3	行标签	计数项:购买次数
4	1	1053
5	2	526
6	3	418
7	4	127
8	5	14
9	6	4
10	7	11
11	8	1
12	9	5
13	10	4
14	总计	2163

图 5-22 购买次数和对应用户数量

	D	E
	购买次数	用户数量
	1次	1053
	2次	526
	3次	418
	4次	127
	5次及以上	39

图 5-23 重新分类和汇总

由图 5-23 可知，在本周购买 1 次的用户数量为 1053 人，购买两次的用户数量为 526 人，以此类推。

10. 添加"用户总数""占比"辅助字段

在数据透视表单元格 F1 和 G1 中添加"用户总数""占比"两个辅助字段，并在单元格区域 F2:F6 中填充用户总数数据，如图 5-24 所示。

	D	E	F	G
1	购买次数	用户数量	用户总数	占比
2	1次	1053	2163	
3	2次	526	2163	
4	3次	418	2163	
5	4次	127	2163	
6	5次及以上	39	2163	

图 5-24　添加"用户总数""占比"辅助字段

11. 设置单元格格式

选中并右键单击图 5-24 所示数据透视表中的单元格区域 G2:G6，在弹出的快捷菜单中选择【设置单元格格式】命令，弹出【设置单元格格式】对话框，选择【数字】选项卡【分类】列表框中的【百分比】选项，并将【小数位数】设为 2，如图 5-25 所示，单击【确定】按钮。

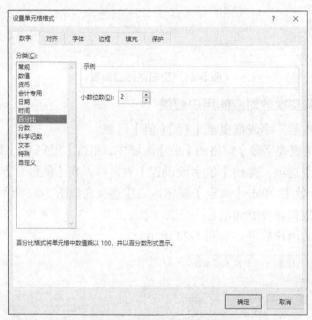

图 5-25　设置单元格格式

12. 计算各类购买次数的用户数与总用户数的比值

在数据透视表 G2 单元格中输入"=E2/F2"，按【Enter】键即可计算购买 1 次的用户数与总用户数比值；将鼠标指针移到单元格 G2 的右下角，当指针变为黑色加粗的"+"形状时双击，单元格 G2 下方的单元格会自动复制公式并计算各类购买次数用户数与总用户数的比值，如图 5-26 所示。

	D	E	F	G
1	购买次数	用户数量	用户总数	占比
2	1次	1053	2163	48.68%
3	2次	526	2163	24.32%
4	3次	418	2163	19.33%
5	4次	127	2163	5.87%
6	5次及以上	39	2163	1.80%

图 5-26　计算各类购买次数用户数与总用户数的比值

由图 5-26 可知，本周购买次数为 1 次的用户占 48.68%，购买两次的用户占 24.32%，购买 3 次的用户占 19.33%，购买 4 次的用户占 5.87%，购买 5 次及以上的用户仅占 1.80%。

5.2.2 绘制三维饼图分析用户复购率

基于图 5-26 所示的数据，绘制三维饼图分析用户复购率，具体步骤如下。

1. 绘制三维饼图

选择图 5-26 所示数据透视图的 D 和 E 两列数据，在【插入】选项卡的【图表】命令组中单击 按钮，弹出【插入图表】对话框；切换至【所有图表】选项卡，单击【饼图】选项，选择【三维饼图】，单击【确定】按钮，绘制三维饼图，如图 5-27 所示。

2. 修改图表元素

（1）添加数据标签。右键单击饼图，在弹出的快捷菜单中选择【添加数据标签】命令，即可添加数据标签。

（2）更改数据标签格式。右键单击数据标签，在弹出的快捷菜单中选择【设置数据标签格式】命令，弹出【设置数据标签格式】窗格，在【标签选项】栏中勾选【百分比】【显示引导线】复选框，如图 5-28 所示。

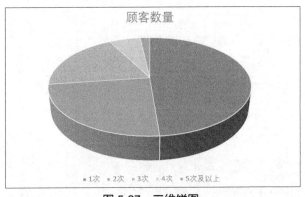

图 5-27　三维饼图　　　　　　　　图 5-28　设置数据标签格式

（3）修改图表标题。单击激活图表标题文本框，更改图表标题为"用户复购率"，并更改标题字体为"微软雅黑"，如图 5-29 所示。

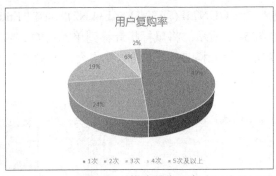

图 5-29　修改图表元素

由图 5-29 可知，本周购买次数为 1 次的用户占了 49%，因此，用户复购率仅 51%。说明自动售货机购买用户的流动性较强，这也与实际情况相符合。企业可以根据用户的喜好调整自动售货机商品的陈列结构，提高用户的复购率。

5.3 用户支付偏好分析

5.3.1 计算支付方式占比

自动售货机支持的支付方式有微信、支付宝和现金 3 种，支付方式的占比是指使用各类支付方式的交易次数与总交易次数的比值。如果用 PR 表示使用某种支付方式占比，F 表示某类支付方式的交易次数，T 表示总交易次数，那么支付方式占比的具体计算公式如式（5-3）所示。

$$\mathrm{PR}=\frac{F}{T} \tag{5-3}$$

在【本周销售数据】工作表中，先使用 COUNTIF 函数计算使用各类支付方式交易的次数，然后运用 SUM 函数计算总交易次数，最后计算各类支付方式的交易次数与总交易次数的比值，具体步骤如下。

1. 添加“支付方式”“交易次数”“总交易次数”“占比”辅助字段

打开【本周销售数据】工作表，分别在单元格 N1、O1、P1 和 Q1 中添加“支付方式”“交易次数”“总交易次数”“占比”4 个辅助字段，并将“微信”“现金”“支付宝”3 种支付方式填入表中，如图 5-30 所示。

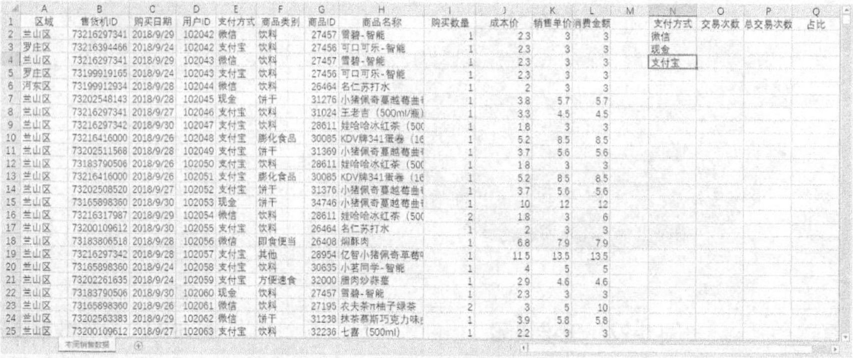

图 5-30 添加“支付方式”“交易次数”“总交易次数”“占比”辅助字段

2. 计算各支付方式交易次数

在 O2 单元格中输入“=COUNTIF($E$2:$E$4134,N2)”，按【Enter】键即可计算使用微信支付的交易次数，如图 5-31 所示。将鼠标指针移到单元格 O2 的右下角，当指针变为黑色加粗的“+”形状时双击，单元格 O2 下方的单元格会自动复制公式并计算各支付方式的交易次数，如图 5-32 所示。

	N	O	P	Q
1	支付方式	交易次数	总交易次数	占比
2	微信	2173		
3	现金			
4	支付宝			

图 5-31 计算微信支付的交易次数

	N	O	P	Q
1	支付方式	交易次数	总交易次数	占比
2	微信	2173		
3	现金	344		
4	支付宝	1616		

图 5-32 计算各支付方式交易次数

3. 计算总交易次数

在单元格 P2 中输入 "=SUM($O$2:$O$4)"，按【Enter】键即可计算总交易次数，将鼠标指针移到单元格 P2 的右下角，当指针变为黑色加粗的 "+" 形状时双击，单元格 P2 下方的单元格会自动复制公式计算总交易次数，如图 5-33 所示。

	N	O	P	Q
1	支付方式	交易次数	总交易次数	占比
2	微信	2173	4133	
3	现金	344	4133	
4	支付宝	1616	4133	

图 5-33　计算总交易次数

4. 设置单元格格式

选中并右键单击工作表中的单元格区域 O2:O4，在弹出的快捷菜单中选择【设置单元格格式】命令，弹出【设置单元格格式】对话框，选择【数字】选项卡【分类】列表框中的【百分比】选项，并将【小数位数】设为 2，如图 5-34 所示，单击【确定】按钮。

图 5-34　设置单元格格式

5. 计算支付方式占比

在 Q2 单元格中输入 "=O2/P2"，按【Enter】键即可计算微信支付占比。将鼠标指针移到单元格 Q2 的右下角，当指针变为黑色加粗的 "+" 形状时双击，单元格 Q2 下方的单元格会自动复制公式计算支付方式占比，如图 5-35 所示。

N	O	P	Q
支付方式	交易次数	总交易次数	占比
微信	2173	4133	52.58%
现金	344	4133	8.32%
支付宝	1616	4133	39.10%

图 5-35　计算支付方式占比

5.3.2 绘制圆环图进行用户支付偏好分析

基于 5.3.1 小节最终得到的数据绘制圆环图，进行用户支付偏好分析，具体步骤如下。

1. 绘制圆环图

选择图 5-35 中的单元格区域 N1:N4 和 Q1:Q4，在【插入】选项卡的【图表】命令组中单击 🔲 按钮，弹出【插入图表】对话框，切换至【所有图表】选项卡，单击【饼图】选项，选择【圆环图】，单击【确定】按钮，绘制圆环图如图 5-36 所示。

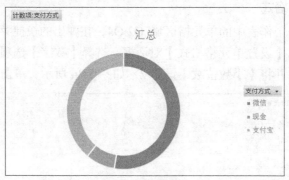

图 5-36　圆环图

2. 修改图表元素

（1）添加数据标签。右键单击圆环，在弹出的快捷菜单中选择【添加数据标签】命令，即可添加数据标签。

（2）设置数据标签格式。右键单击圆环，在弹出的快捷菜单中选择【设置数据标签格式】命令，弹出【设置数据标签格式】窗格，在【标签选项】栏中勾选【类别名称】【值】复选框，如图 5-37 所示。

（3）设置数据系列格式。右键单击圆环，在弹出的快捷菜单中选择【设置数据系列格式】命令，弹出【设置数据系列格式】窗格，在【系列选项】栏中设置【圆环图内径大小】为 50%，如图 5-38 所示。

图 5-37　设置数据标签格式

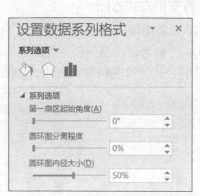

图 5-38　设置数据系列格式

（4）修改图表标题。单击【汇总】文本激活图表标题文本框，更改图表标题为"用户支付偏好"，并更改标题字体为"微软雅黑"，如图 5-39 所示。

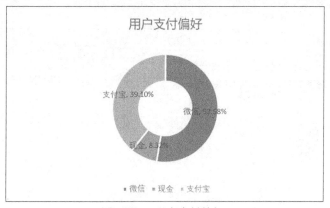

图 5-39　用户支付偏好

由图 5-39 可知，使用微信支付的占 52.58%，使用支付宝支付的占 39.10%，使用现金支付的仅占 8.32%，说明用户更偏向于使用微信支付。

5.4　技能拓展

5.4.1　计算用户流失率

在【本周销售数据】工作表中，可以通过透视表的方式计算用户流失率，具体步骤如下。

1. 打开【创建数据透视表】对话框

打开【本周销售数据】工作表，单击数据区域内任一单元格，在【插入】选项卡的【表格】命令组中单击【数据透视表】图标，弹出【创建数据透视表】对话框，如图 5-40 所示。

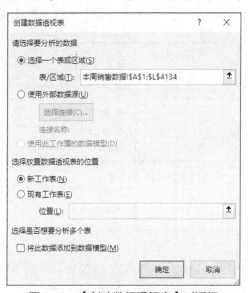

图 5-40　【创建数据透视表】对话框

Excel 数据分析与可视化

2. 创建空白数据透视表

单击【确定】按钮，创建一个空白数据透视表，并显示【数据透视表字段】窗格，如图 5-41 所示。

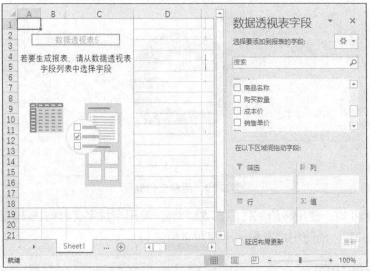

图 5-41　空白数据透视表

3. 添加"购买日期""用户 ID"字段

将"购买日期"字段拖曳至【行】区域，"用户 ID"字段拖曳至【值】区域，如图 5-42 所示。

4. 设置值字段

在【数据透视表字段】窗格的【值】区域中，单击【用户 ID】旁边的倒三角按钮，选择【值字段设置】选项，弹出【值字段设置】对话框，在【值汇总方式】选项卡中选择【计算类型】为【计数】，如图 5-43 所示，单击【确定】按钮，创建透视表如图 5-44 所示。

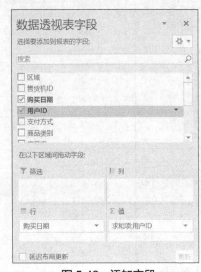

图 5-42　添加字段

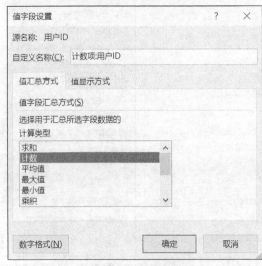

图 5-43　设置值字段

5. 创建【流失用户数】工作表

创建新的工作表并重命名为"流失用户数"，将用户数量透视表单元格区域 A1:B8 的数据复制到【流失用户数】工作表中，字段名分别更改为"日期""用户数量"，如图 5-45 所示。

图 5-44　用户数量透视表　　　　图 5-45　创建【流失用户数】工作表

6. 计算流失用户数

首先，在单元格 C1 的位置添加"流失用户数"辅助字段；然后，在单元格 C3 中输入"=B2-B3"，按【Enter】键即可计算 2018 年 9 月 25 日的用户流失数；最后，将鼠标指针移到单元格 C3 的右下角，当指针变为黑色加粗的"+"形状时双击，单元格 C3 下方的单元格会自动复制公式并计算每天的用户流失数，如图 5-46 所示。

7. 计算流失率

首先，在单元格 D1 的位置添加"流失率"辅助字段，然后在单元格 D3 中输入"=C3/B3"，按【Enter】键即可计算 2018 年 9 月 25 日的用户流失率；再将鼠标指针移到单元格 D3 的右下角，当指针变为黑色加粗的"+"形状时双击，单元格 D3 下方的单元格会自动复制公式并计算每天的流失率，如图 5-47 所示。

图 5-46　用户流失数　　　　　　图 5-47　用户流失率

8. 设置单元格格式

选中并右键单击图 5-47 中的单元格区域 D3:D8，在弹出的快捷菜单中选择【设置单元格格式】命令，弹出【设置单元格格式】对话框，选择【数字】选项卡【分类】列表框中的【百分比】选项，并将【小数位数】设为 2，如图 5-48 所示，单击【确定】按钮，得到透视图如图 5-49 所示。

5.4.2　绘制簇状柱形图和折线图分析用户流失率

基于图 5-49 得到的最终数据，绘制簇状柱形图和折线图，具体步骤如下。

图 5-48　设置单元格格式

	A	B	C	D
1	日期	用户数量	流失用户数	流失率
2	2018/9/24	429		
3	2018/9/25	427	2	0.47%
4	2018/9/26	493	-66	-13.39%
5	2018/9/27	656	-163	-24.85%
6	2018/9/28	681	-25	-3.67%
7	2018/9/29	755	-74	-9.80%
8	2018/9/30	692	63	9.10%

图 5-49　流失率透视图

1. 绘制簇状柱形图和折线图

选择图 5-49 中的单元格区域 A1:B8 和 D1:D8，在【插入】选项卡的【图表】命令组中单击 按钮，弹出【插入图表】对话框，切换至【所有图表】选项卡，单击【组合】选项，保持默认选择【簇状柱形图-折线图】，如图 5-50 所示，单击【确定】按钮，绘制组合图，如图 5-51 所示。

2. 修改图表元素

（1）设置数据系列格式。右键单击折线，在弹出的快捷菜单中选择【设置数据系列格式】命令，弹出【设置数据系列格式】窗格，单击选中【系列选项】栏中的【次坐标轴】单选按钮。

（2）设置坐标轴格式。双击横坐标轴刻度，弹出【设置坐标轴格式】窗格，将【坐标轴选项】栏中的【单位】设置为 0.1 和 0.02，如图 5-52 所示。

（3）添加数据标签。右键单击折线，在弹出的快捷菜单中选择【添加数据标签】命令，即可添加数据标签。

（4）修改图表标题。单击【图表标题】文本激活图表标题文本框，更改图表标题为"用户流失率"，并更改标题字体为"微软雅黑"，设置效果如图 5-53 所示。

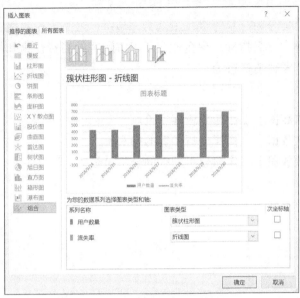

图 5-50　选择【组合】选项

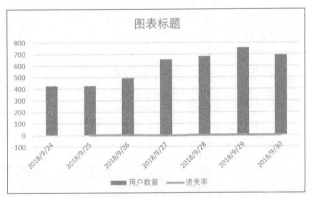

图 5-51　绘制组合图

图 5-52　设置横坐标轴格式

图 5-53　用户流失率

5.5 技能训练

1. 训练目的

某餐饮企业将会员分为三星等级，最低为一星级，最高为三星级，通常以顾客消费的次数、消费金额等作为评级指标。现企业为了了解顾客的消费行为和特点，需要利用【餐饮数据】工作簿分析顾客消费行为。

2. 训练要求

（1）利用【餐饮数据】工作簿分析客单价。

（2）利用【餐饮数据】工作簿分析顾客的回头率[4]。

（3）利用【餐饮数据】工作簿分析顾客的会员星级。

项目 ⑥ 预测商品销售量

技能目标

（1）能使用 SUM 函数计算单位时间内的销售量。
（2）能使用 GROWTH 函数预测未来的值。

知识目标

（1）掌握预测的含义。
（2）掌握预测商品销售量的含义。

项目背景

某零售企业通过售货机进行商品的销售，通过查询该零售企业的数据库可知，前 6 周商品的销售量分别为 4392 件、5003 件、4522 件、4837 件、5326 件及 4883 件。为了解决该零售企业未来两周的进货量问题，该企业的经理想要通过历史数据，顺应实践发展，对未来两周的销售量进行预测。

项目目标

基于历史数据，利用 GROWTH 函数预测未来两周商品的销售量。

项目分析

（1）计算本周的销售数量。
（2）预测未来两周的销售数量。

6.1 商品销售量预测

6.1.1 计算销售量预测值

预测是指通过现有信息或历史数据，依照一定的方法和规律对未来的事情进行测算，其目的是提前了解事情发展的过程与结果。在现实生活中，运用预测指标的领域非常广，如天气预报、市场物价预测、疾病疫情预测等。

本小节使用 GROWTH 函数对未来两周的商品销售量进行预测。GROWTH 函数是一个统计函数，在统计学中常用这个函数来预测将来的数据，其原理是通过指数函数[1]拟合出模型，并且预测出指数增长值。

Excel 数据分析与可视化

1. 添加"本周销售量"辅助字段

打开【本周销售数据】工作表，在单元格 L1 的位置添加"本周销售量"辅助字段，如图 6-1 所示。

D	E	F	G	H	I	J	K	L
客户ID	支付方式	商品类别	商品ID	商品名称	购买数量	成本价	销售单价	本周销售量
105562	支付宝	饮料	26464	名仁苏打水	1	2	3	
103210	支付宝	蛋糕糕点	23857	沙琪玛（160ɡ	1	4	5	
103204	支付宝	蛋糕糕点	23857	沙琪玛（160ɡ	1	4	5	
102781	支付宝	饮料	23850	娃哈哈冰糖雪	1	2.2	3	
102498	支付宝	饮料	23850	娃哈哈冰糖雪	1	2.2	3	
105600	支付宝	饮料	26464	名仁苏打水	1	2	3	
105601	支付宝	饮料	26464	名仁苏打水	1	2	3	
105602	支付宝	饮料	26464	名仁苏打水	1	2	3	
105603	支付宝	饮料	26464	名仁苏打水	1	2	3	
105604	支付宝	饮料	26464	名仁苏打水	4	2	3	
105605	支付宝	饮料	26464	名仁苏打水	2	2	3	
105606	支付宝	饮料	26464	名仁苏打水	1	2	3	
105607	支付宝	饮料	26464	名仁苏打水	1	2	3	

图 6-1　添加"本周销售量"辅助字段

2. 计算本周商品的销售量

在单元格 L2 中输入"=SUM(I2:I4134)"，按【Enter】键，算出本周销量，如图 6-2 所示。

D	E	F	G	H	I	J	K	L
客户ID	支付方式	商品类别	商品ID	商品名称	购买数量	成本价	销售单价	本周销售量
105562	支付宝	饮料	26464	名仁苏打水	1	2	3	4736
103210	支付宝	蛋糕糕点	23857	沙琪玛（160ɡ	1	4	5	
103204	支付宝	蛋糕糕点	23857	沙琪玛（160ɡ	1	4	5	
102781	支付宝	饮料	23850	娃哈哈冰糖雪	1	2.2	3	
102498	支付宝	饮料	23850	娃哈哈冰糖雪	1	2.2	3	
105600	支付宝	饮料	26464	名仁苏打水	1	2	3	
105601	支付宝	饮料	26464	名仁苏打水	1	2	3	
105602	支付宝	饮料	26464	名仁苏打水	1	2	3	
105603	支付宝	饮料	26464	名仁苏打水	1	2	3	
105604	支付宝	饮料	26464	名仁苏打水	4	2	3	
105605	支付宝	饮料	26464	名仁苏打水	2	2	3	
105606	支付宝	饮料	26464	名仁苏打水	1	2	3	
105607	支付宝	饮料	26464	名仁苏打水	1	2	3	
105618	支付宝	饮料	26464	名仁苏打水	1	2	3	
105619	支付宝	饮料	26464	名仁苏打水	1	2	3	

图 6-2　计算本周商品的销售量

3. 创建【预测销售量】工作表

创建新的工作表并重命名为"预测销售量"，分别输入如下数据，效果如图 6-3 所示。

（1）在单元格 A1、B1、C1 的位置分别添加"序号""时间段""销售量"辅助字段。

（2）在单元格区域 A2:A10 的单元格中分别输入"1""2""3""4""5""6""7""8""9"。

（3）在单元格区域 B2:B10 的单元格中分别输入"2018/8/13-2018/8/19""2018/8/20-2018/8/26""2018/8/27-2018/9/2""2018/9/3-2018/9/9""2018/9/10-2018/9/16""2018/9/17-2018/9/23""2018/9/24-2018/9/30""2018/10/1-2018/10/7""2018/10/8-2018/10/14"。

（4）在单元格区域 C2:C7 的单元格中分别输入已知的历史销售量数据"4392""5003"

"4522""4837""5326""4833"。

4. 将本周销售量复制到【预测销售量】工作表中

将【本周销售数据】工作表单元格 L2 中的数据复制到【预测销售量】工作表的单元格 C8 中，如图 6-4 所示。

图 6-3 创建【预测销售量】工作表　　　　　　图 6-4 复制数据

5. 预测未来两周的销售量

在单元格 C9 中输入"=GROWTH($C$2:C8,$A$2:A8,A9)"，按【Enter】键预测第 8 周销售量，如图 6-5 所示。将鼠标指针移到单元格 C9 的右下角，当指针变为黑色加粗的"+"形状时双击，单元格 C9 下方的单元格会自动复制公式计算销售量，如图 6-6 所示。

图 6-5 计算第 8 周销售量　　　　　　图 6-6 计算第 9 周销售量

6. 设置单元格格式

选中并右键单击【预测销售量】工作表的单元格区域 C9:C10，在弹出的快捷菜单中选择【设置单元格格式】命令，弹出【设置单元格格式】对话框，选择【数字】选项卡【分类】列表框中的【数值】选项，并将【小数位数】设为 0，如图 6-7 所示，单击【确定】按钮，得到的结果如图 6-8 所示。

6.1.2 绘制散点图分析商品销售量预测结果

基于 6.1.1 小节最终得到的数据，绘制预测商品销售量的散点图，具体步骤如下。

Excel 数据分析与可视化

图 6-7　设置单元格格式

图 6-8　未来两周预测值数据取整

1. 选择数据

选中【预测销售量】工作表中的单元格区域 A1:A10 和单元格区域 C1:C10，如图 6-9 所示。

图 6-9　选择数据

2. 打开【插入图表】对话框

在【插入】选项卡的【图表】命令组中单击 按钮，弹出【插入图表】对话框，如图 6-10 所示。

3. 选择带直线和数据标记的散点图

切换至【所有图表】选项卡，单击【XY 散点图】选项，并选择【带直线和数据标记的散点图】，如图 6-11 所示。

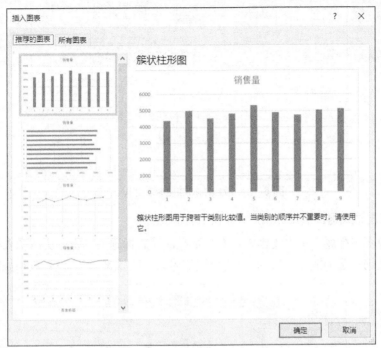

图 6-10 【插入图表】对话框

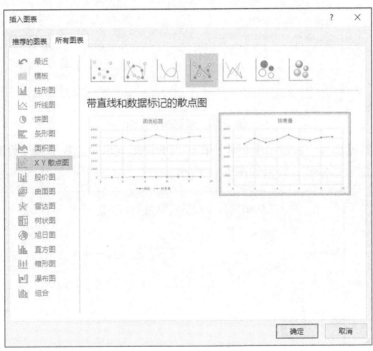

图 6-11 XY 散点图

4. 绘制带直线和数据标记的散点图

单击【确定】按钮,即可绘制带直线和数据标记的散点图,如图 6-12 所示。

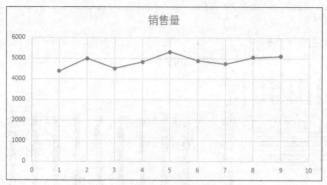

图 6-12　带直线和数据标记的散点图

5. 修改图表元素

（1）修改图表标题。单击【销售量】文本激活图表标题文本框，更改图表标题为"历史销售量和预测销售量的散点图"，并更改标题字体为"微软雅黑"，设置效果如图 6-13 所示。

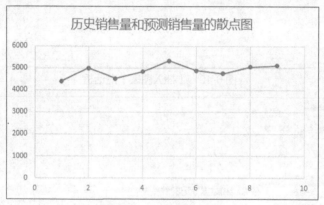

图 6-13　修改图表标题

（2）添加数据标签。右键单击折线，在弹出的快捷菜单中选择【添加数据标签】命令，为每段折线添加数据标签，效果如图 6-14 所示。

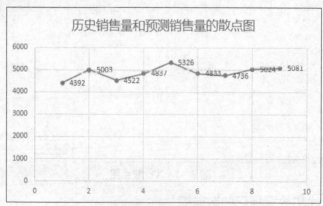

图 6-14　添加数据标签设置数据标签格式

（3）单击折线上的数据，弹出【设置数据标签格式】窗格，在【标签选项】栏的【标签位置】选项组中选中【靠上】单选按钮，如图 6-15 所示，设置效果如图 6-16 所示。

图 6-15 设置数据标签格式

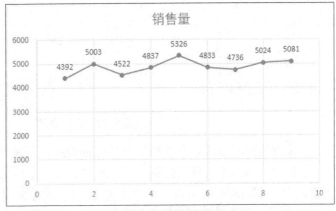

图 6-16 设置标签位置

（4）设置数据点格式。在第 8 周的数据点处右键单击，弹出【设置数据点格式】窗格，在【线条】组中分别修改【颜色】【短划线类型】为"橙色""方点"，如图 6-17 所示；在【标记】组的【填充】【边框】列表中将【颜色】都修改为"橙色"，如图 6-18 所示。第 9 周的数据点也进行相同的设置，最终效果如图 6-19 所示。

图 6-17 设置线条

图 6-18 设置标记

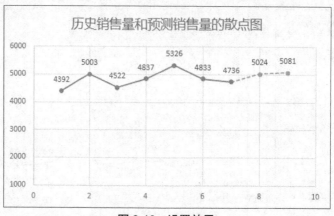

图 6-19　设置效果

（5）设置坐标轴格式。右键单击纵坐标轴刻度，在弹出的快捷菜单中选择【设置坐标轴格式】命令；弹出【设置坐标轴格式】窗格，将【坐标轴选项】栏中的【边界】的【最小值】【最大值】分别设为 3000.0 和 5500.0，【单位】的【大】【小】分别设为 1000.0 和 200.0，如图 6-20 所示。设置后得到的散点图效果如图 6-21 所示。

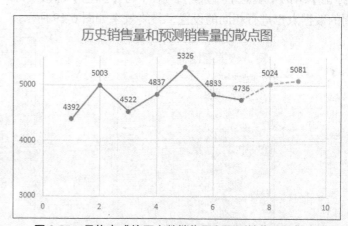

图 6-20　【设置坐标轴格式】窗格　　　图 6-21　最终完成的历史数销售量和预测销售量的散点图

由图 6-21 可知，未来两周的销售量有增长的趋势，且商品销售量的预测值分别为 5024 件和 5081 件。

6.2　技能拓展

6.2.1　计算销售额预测值

销售额预测是企业根据过去的销售情况，对预测期进行产品销售额的预计和测算，其意义在于指导企业经营决策，加强销售规划，增加财务的可控性和运作的高效性。

查询该零售企业的数据库，前 6 周饮料类商品的销售额分别为 22036.4 元、23021.2 元、

21423.5 元、22503.2 元、23621.4 元及 22701.8 元，本小节使用 FORECAST.ETS 函数对未来两周的商品销售额进行预测。FORECAST.ETS 函数常用于销售额的预测、库存需求的预测或消费趋势的预测，其原理是由线性回归[2]拟合出回归直线，通过回归直线返回预测值。

1. 计算每个客户的销售额

打开【本周销售数据】工作表，在单元格 L1 的位置输入“客户销售额”辅助字段；在单元格 L2 输入“=I2*K2”，按【Enter】键即可计算客户 ID 为 105562 的销售额；将鼠标指针移到单元格 L2 的右下角，当指针变为黑色加粗的“+”时双击，单元格 L2 下方的单元格会自动复制公式并计算每个客户的销售额，如图 6-22 所示。

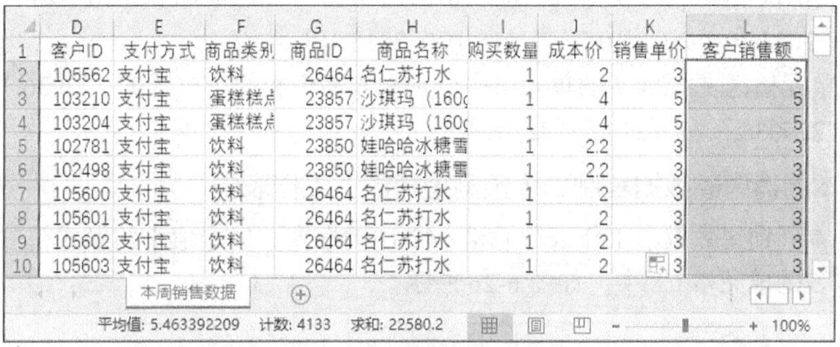

	D	E	F	G	H	I	J	K	L
1	客户ID	支付方式	商品类别	商品ID	商品名称	购买数量	成本价	销售单价	客户销售额
2	105562	支付宝	饮料	26464	名仁苏打水	1	2	3	3
3	103210	支付宝	蛋糕糕点	23857	沙琪玛（160g	1	4	5	5
4	103204	支付宝	蛋糕糕点	23857	沙琪玛（160g	1	4	5	5
5	102781	支付宝	饮料	23850	娃哈哈冰糖雪	1	2.2	3	3
6	102498	支付宝	饮料	23850	娃哈哈冰糖雪	1	2.2	3	3
7	105600	支付宝	饮料	26464	名仁苏打水	1	2	3	3
8	105601	支付宝	饮料	26464	名仁苏打水	1	2	3	3
9	105602	支付宝	饮料	26464	名仁苏打水	1	2	3	3
10	105603	支付宝	饮料	26464	名仁苏打水	1	2	3	3

图 6-22 每个客户的销售额

2. 添加“本周销售额”辅助字段

在单元格 M1 的位置输入“本周销售额”辅助字段，如图 6-23 所示。

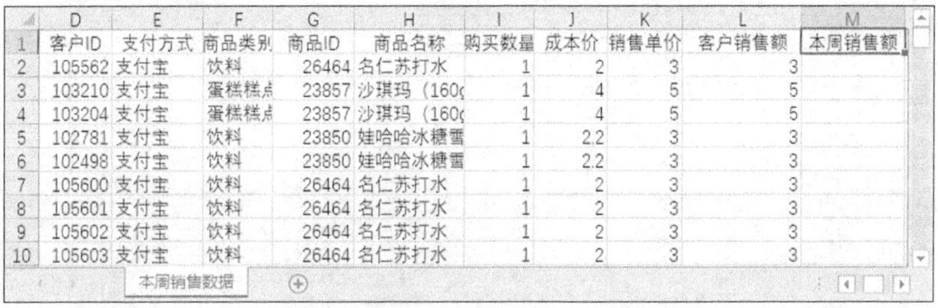

	D	E	F	G	H	I	J	K	L	M
1	客户ID	支付方式	商品类别	商品ID	商品名称	购买数量	成本价	销售单价	客户销售额	本周销售额
2	105562	支付宝	饮料	26464	名仁苏打水	1	2	3	3	
3	103210	支付宝	蛋糕糕点	23857	沙琪玛（160g	1	4	5	5	
4	103204	支付宝	蛋糕糕点	23857	沙琪玛（160g	1	4	5	5	
5	102781	支付宝	饮料	23850	娃哈哈冰糖雪	1	2.2	3	3	
6	102498	支付宝	饮料	23850	娃哈哈冰糖雪	1	2.2	3	3	
7	105600	支付宝	饮料	26464	名仁苏打水	1	2	3	3	
8	105601	支付宝	饮料	26464	名仁苏打水	1	2	3	3	
9	105602	支付宝	饮料	26464	名仁苏打水	1	2	3	3	
10	105603	支付宝	饮料	26464	名仁苏打水	1	2	3	3	

图 6-23 添加“本周销售额”辅助字段

3. 计算本周销售额

在单元格 M2 中输入“=SUM(L1:L4134)”，按【Enter】键，如图 6-24 所示。

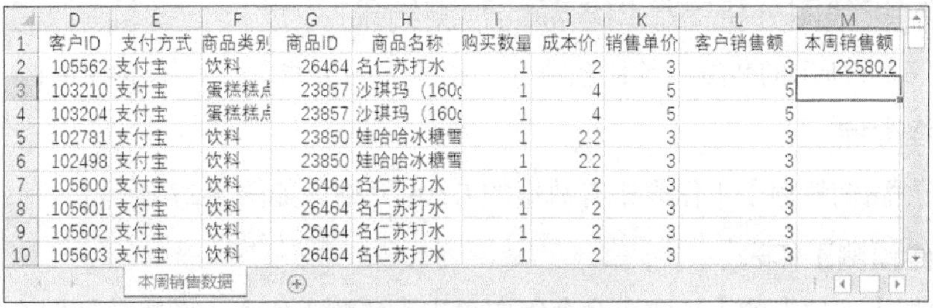

	D	E	F	G	H	I	J	K	L	M
1	客户ID	支付方式	商品类别	商品ID	商品名称	购买数量	成本价	销售单价	客户销售额	本周销售额
2	105562	支付宝	饮料	26464	名仁苏打水	1	2	3	3	22580.2
3	103210	支付宝	蛋糕糕点	23857	沙琪玛（160g	1	4	5	5	
4	103204	支付宝	蛋糕糕点	23857	沙琪玛（160g	1	4	5	5	
5	102781	支付宝	饮料	23850	娃哈哈冰糖雪	1	2.2	3	3	
6	102498	支付宝	饮料	23850	娃哈哈冰糖雪	1	2.2	3	3	
7	105600	支付宝	饮料	26464	名仁苏打水	1	2	3	3	
8	105601	支付宝	饮料	26464	名仁苏打水	1	2	3	3	
9	105602	支付宝	饮料	26464	名仁苏打水	1	2	3	3	
10	105603	支付宝	饮料	26464	名仁苏打水	1	2	3	3	

图 6-24 计算本周销售额

4. 创建【预测销售额】工作表

创建新的工作表并重命名为"预测销售额",分别输入如下数据,效果如图 6-25 所示。

（1）在单元格 A1、B1、C1 的位置分别添加"序号""时间段""销售额"辅助字段。

（2）在单元格区域 A2:A10 的单元格中分别输入"1""2""3""4""5""6""7""8""9"。

（3）在单元格区域 B2:B10 的单元格中分别输入"2018/8/13-2018/8/19""2018/8/20-2018/8/26""2018/8/27-2018/9/2""2018/9/3-2018/9/9""2018/9/10-2018/9/16""2018/9/17-2018/9/23""2018/9/24-2018/9/30""2018/10/1-2018/10/7""2018/10/8-2018/10/14"。

图 6-25　创建【预测销售额】工作表

（4）在单元格区域 C2:C7 的单元格中分别输入销售额的历史数据"22036.4""23021.2""21423.5""22503.2""23621.4""22701.8"。

5. 将本周销售额数据复制到【预测销售额】工作表中

复制【本周销售数据】工作表单元格 M2 中的数据,以【值】的形式粘贴至【预测销售额】工作表的单元格 C8 中,如图 6-26 所示。

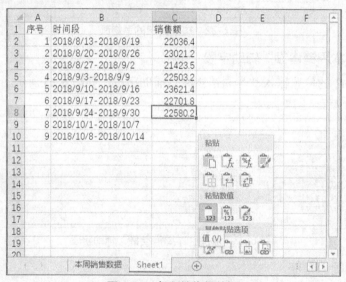

图 6-26　复制销售额数据

6.2.2　绘制折线图分析商品销售额的预测结果

基于图 6-26 所示的数据,绘制预测商品销售额的折线图,具体步骤如下。

1. 选择数据

单击【预测销售额】工作表中有数据的 C8 单元格,如图 6-27 所示。

2. 创建预测工作表

在【数据】选项卡的【预测】命令组中单击【预测工作表】图标,如图 6-28 所示,弹出【创建预测工作表】对话框，如图 6-29 所示。

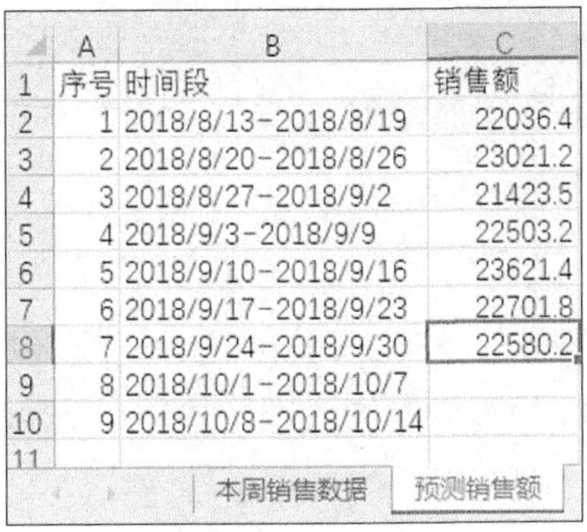

图 6-27 选择数据

图 6-28 单击【预测工作表】图标

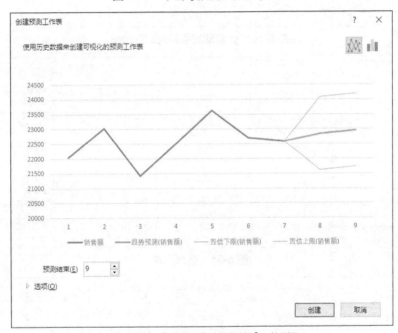

图 6-29 【创建预测工作表】对话框

3．计算预测值并绘制折线图

单击图 6-29 所示的【创建】按钮，创建【Sheet1】工作表，并自动计算出序号为 8 和 9 的预测值，同时自动绘制出商品销售额的折线图，如图 6-30 所示。

4．修改图表元素

（1）添加图表元素。选择【Sheet1】工作表中的折线图，再单击折线图右上角的绿色

Excel 数据分析与可视化

按钮![+]，如图 6-31 所示，在弹出的列表框中勾选【图表标题】【数据标签】【数据表】复选框，如图 6-32 所示。

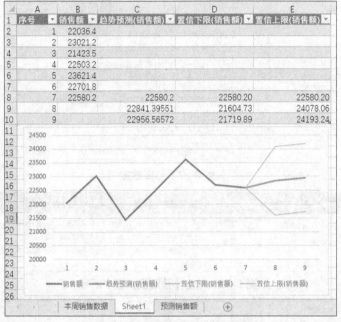

图 6-30　计算预测值并绘制折线图

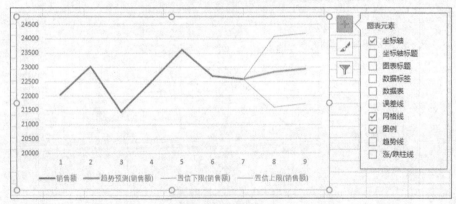

图 6-31　图表元素

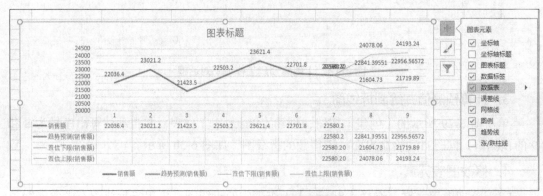

图 6-32　添加图表元素

（2）修改图表标题。单击【图表标题】文本激活图表标题文本框，更改图表标题为"预测商品销售额折线图"，并更改标题字体为"微软雅黑"，设置效果如图 6-33 所示。

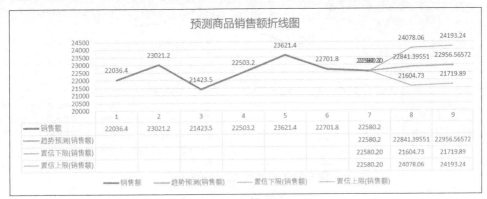

图 6-33　修改图表标题

（3）删除置信区间的数据标签。选择并右键单击序号为 7、8、9 的任意一个置信下限的数据标签，在弹出的快捷菜单中选择【删除】命令，删除置信下限的数据标签，如图 6-34 所示；选择并右键单击序号为 7、8、9 的任意一个置信上限的数据标签，在弹出的快捷菜单中选择【删除】命令，删除置信上限的数据标签，如图 6-35 所示。绘制的折线图最终效果如图 6-36 所示。

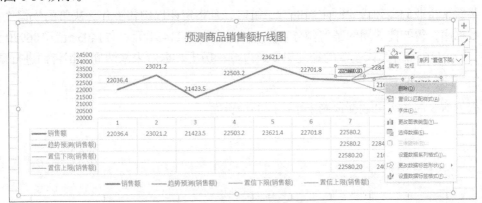

图 6-34　删除置信下限的数据标签

图 6-35　删除置信上限的数据标签

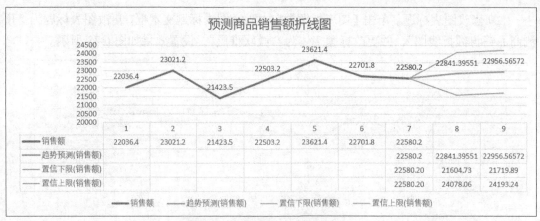

图 6-36　预测商品销售额折线图

由图 6-36 可知，未来两周商品销售额的预测值分别约为 22841.40 元和 22956.57 元。由数据表可知，序号为 8 的置信下限和置信上限分别为 21604.73 元和 24078.06 元，序号为 9 的置信下限和置信上限分别为 21719.89 元和 24193.24 元。

6.3　技能训练

1．训练目的

某餐饮企业的经理想要制定新的营销策略，且指定要以销售额作为决策的依据之一。查询数据库，得知前 6 周的销售额分别为 108789 元、111431 元、121403 元、106980 元、105315 元、116542 元，该企业的经理想要通过分析历史数据对未来两周的销售额进行预测。

2．训练要求

根据前 8 周的历史数据预测未来两周的销售额。

第 2 篇　数据分析报告

项目 ⑦ 撰写"自动售货机"周报文档

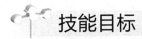
技能目标

能撰写周报[1]文档。

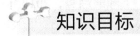
知识目标

了解数据分析报告的结构。

项目背景

某零售企业随着"自动售货机"布设规模的扩大,业务量不断增加,行业竞争也日益加剧,销售业绩增长变缓。现企业要求撰写一份本周的"自动售货机"周报文档,为营销策略提供参考和指导,从而提高营销效率和盈利水平。

项目目标

撰写"自动售货机"周报。

项目分析

(1)分析背景与目的。

(2)分析思路。

(3)分析商品的整体销售情况。

(4)分析区域销售情况。

(5)分析库存。

(6)分析用户行为。

(7)预测销售量。

(8)总结。

Excel 数据分析与可视化

7.1 撰写周报文档

7.1.1 背景与目的分析

  某零售企业自 2016 年成立以来，经过两年多的发展，"自动售货机"的布设规模不断扩大，销售业绩在零售行业中领先。但随着"自动售货机"规模的扩大，业务量不断增加，也越来越面临行业竞争加剧、销售业绩增长变缓的挑战。对"自动售货机"本周的销售数据和库存数据进行分析，能够帮助企业掌握本周的消费情况以及用户的消费偏好和特征，为制定营销策略提供参考和指导，从而提高营销效率和盈利水平。

7.1.2 分析思路

  本报告基于 2018 年 9 月 24 日至 2018 年 9 月 30 日的销售数据和库存数据，计算销售额、毛利率、销售量、销售目标达成率、存销比、客单价和复购率等指标，通过计算指标和可视化展现来呈现商品的整体销售情况、区域销售情况、库存和用户行为，并对销售量进行预测。

7.1.3 商品整体销售情况分析

  由图 7-1 可知，本周的销售额先上升到一个峰值后，开始出现下降的趋势，2018 年 9 月 27 日销售额的增长速度最快。

  由图 7-2 可知，本周的毛利率有上下波动，但大体呈上升的趋势，说明企业的盈利能力较好。

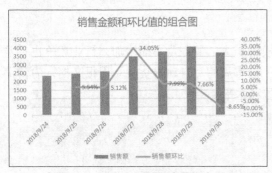

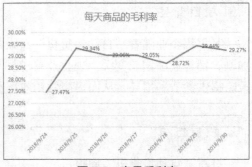

图 7-1   销售金额和环比值组合图   图 7-2   商品毛利率

  由图 7-3 可知，本周最受欢迎的是饮料类商品、膨化食品、方便速食、牛奶和饼干类商品销售良好，而调味品和糖果甜食等食品销售量并不乐观。

  由图 7-4 可知，单价在(0,5]之间的商品销售量最多，其次分别是单价区间(5,10]、(10,15]、(15,20]、(20,30]之间的商品，这说明用户更偏向于购买低价格商品。

7.1.4 区域销售情况分析

  由图 7-5 可知，本周 3 个区域中兰山区的销售额最高，其次为罗庄区，河东区的销售额最小。由于兰山区是市中心区域，人流量较大，因此销售额相对较高。

  由图 7-6 可知，本周兰山区销售额超过了目标值，罗庄区几乎完成了销售目标，而河东区仅完成了 87.57%。从图 7-7 可以看出，各个区域的销售额与售货机的数量成正比，因此，企业可以在人流集中区域适当增加售货机的投放数量，以此来提高销售额。

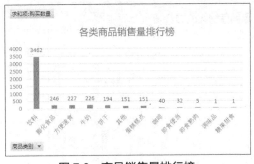

图 7-3　商品销售量排行榜

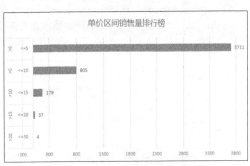

图 7-4　单价区间销售量排行榜

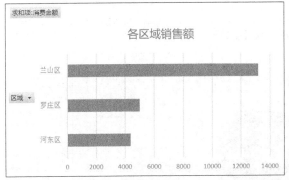

图 7-5　各区域销售额

图 7-6　各区域销售目标达成率

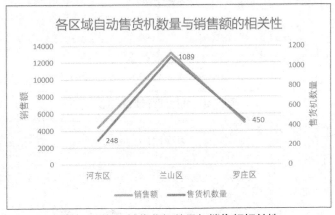

图 7-7　各区域售货机数量与销售额相关性

7.1.5　库存分析

由图 7-8 可知，糖果甜食和调味品两类商品的存销比均大于 1，即期末库存数量大于销售数量，说明糖果甜食和调味品滞销，销售量太低。

由图 7-9 可知，饮料类商品所占库存最大，占了 72.12%；糖果甜食和调味品的库存量较小。结合图 7-3 分析可知，本周商品库存结构较合理。

7.1.6　用户行为分析

由图 7-10 可知，本周客单价在 5 和 6 之间上下波动，说明用户更偏向于购买低价格的商品。

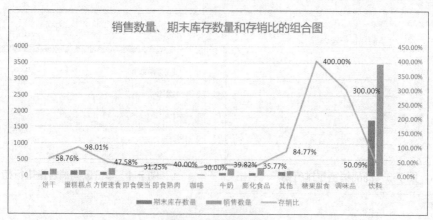

图 7-8　存销比分析

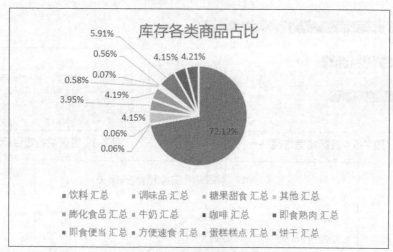

图 7-9　商品库存数量占比

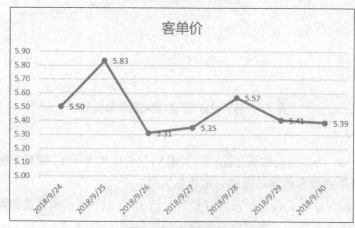

图 7-10　客单价分析

　　由图 7-11 可知，49%的用户只进行了一次交易，主要原因是自动售货机投放位置的人员流动性较强。

由图 7-12 可知，用户更加偏好使用微信支付，其次是支付宝支付，现金支付的用户仅占 8.32%。因此，企业可以联合移动支付运营商（如微信、支付宝等）做一些推广活动。

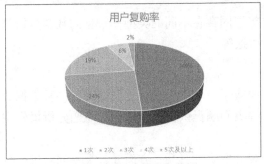

图 7-11　用户复购率分析

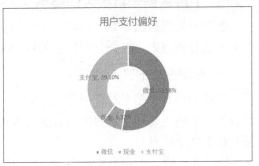

图 7-12　用户支付偏好

7.1.7　销售量预测

由图 7-13 可知，未来两周的销售量预测值分别为 5046 件和 5108 件，总体上会有增长的趋势。企业可以根据预测值制定合理的销售计划并调整库存结构。

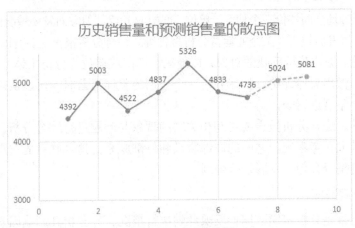

图 7-13　预测销售量

7.1.8　总结

通过对商品的整体销售情况、区域销售情况、库存和用户行为进行分析，可提出以下 3 点总结和建议。

（1）本周商品毛利率总体呈现上升趋势，企业的盈利能力较好，但河东区的销售额较低，可以在河东区人流比较密集的地方增加售货机的数量。

（2）商品的库存结构基本合理，对于畅销类商品（如饮料），企业要持续关注库存数量，避免出现供不应求的情况，以此提升用户体验和增加用户的黏性；对于销售情况不佳的商品（如饼干、牛奶、蛋糕糕点等），企业可以适当降低商品的价格或搞一些促销活动，进一步增加商品的销售数量。

（3）针对用户复购率较低的问题，企业可以通过商品关联促销的方式来促使用户增加单次购买商品的数量，促进消费，提高销售业绩。

7.2 技能拓展

7.2.1 了解数据分析报告的类型

数据分析报告因对象、内容、时间和方法等不同存在不同的类型，常见的数据分析报告有专题分析报告、综合分析报告和日常数据通报等。

1. 专题分析报告

专题分析报告是对社会经济现象的某一方面或某一个问题进行专门研究的一种数据分析报告，它的主要作用是为决策者制定政策、解决问题提供参考和依据。专题分析报告主要有以下两个特点。

（1）单一性。专题分析不要求反映事物全貌，主要针对某一方面或者某一问题进行分析，如用户流失分析、提升用户转化率分析等。

（2）深入性。由于内容单一，重点突出，因此可用来集中精力解决主要的问题，包括对问题的具体描述、原因分析和提出可行的解决方案。

2. 综合分析报告

综合分析报告是全面评价一个地区、单位、部门业务或其他方面发展情况的一种数据分析报告，如世界人口发展报告、某企业运营分析报告等。综合分析报告主要有以下两个特点。

（1）全面性。综合分析反映的对象，以地区、部门或单位为分析主体，站在全局高度，反映总体特征，做出总体评价。如在分析一个公司的整体运营时，可以从产品、价格、渠道和促销这 4 个角度进行分析。

（2）联系性。综合分析报告要对互相关联的现象与问题进行综合分析，在系统地分析指标体系的基础上，考察现象之间的内部联系和外部联系。这种联系的重点是比例和平衡关系，分析比例是否合理，发展是否协调。

3. 日常数据通报

日常数据通报是分析定期数据，反映计划执行情况，并分析其影响因素的一种分析报告。它一般是按日、周、月、季等时间阶段定期进行的，因此也叫定期分析报告。日常数据通报主要有以下 3 个特点。

（1）进度性。由于日常数据通报主要反映计划的执行情况，因此必须把执行情况和时间进展结合分析，比较两者是否一致，从而判断计划完成的情况。

（2）规范性。日常数据通报是定时向决策者提供的例行报告，所以形成了比较规范的结构形式，一般包括计划执行的基本情况、计划执行获取的成绩和经验、存在的问题、措施与建议几个基本部分。

（3）时效性。日常数据通报的性质和任务决定了它是时效性最强的一种数据分析报告。只有及时报告业务发展过程中的各种信息，才能帮助决策者掌握最新动态，否则可能延误工作。

7.2.2 了解数据分析报告的原则

（1）规范性原则。数据分析报告中所使用的名词术语一定要规范，标准要统一，前后要一致。

（2）重要性原则。数据分析报告一定要体现项目分析的重点，在项目各项数据分析中，应该重点选取真实性、合法性指标，构建相关模型，科学专业地进行分析，并且在分析结果中，对同一类问题的描述也要按照问题的重要性进行排序。

（3）谨慎性原则。数据分析报告的编制过程一定要谨慎，基础数据要真实、完整，分析过程要科学、合理、全面，分析结果要可靠，建议内容要实事求是。

（4）鼓励创新原则。社会是不断发展进步的，不断有创新的方法或模型从实践中摸索并总结出来，数据分析报告要将这些创新的思维与方法记录并运用。

7.2.3 数据分析报告的结构

数据分析报告有一定的结构，但是这种结构会根据公司业务、需求的变化而产生一定的变化。数据分析报告一般由以下 5 个部分组成，其中，背景与目的、分析思路、分析过程、结论与建议构成数据分析报告的正文。

1. 标题

标题需高度概括该分析报告的主旨，要求精简干练，点明该分析报告的主题或者观点。好的标题不仅可以表现数据分析报告的主题，而且能够引起读者的阅读兴趣。几种常用的标题类型如下。

（1）解释基本观点。这类标题往往用观点句来表示，点明数据分析报告的基本观点，如《直播业务是公司发展的重要支柱》。

（2）概括主要内容。这类标题用数据说话，让读者抓住中心，如《我公司销售额比去年增长 35%》。

（3）交代分析主题。这类标题反映分析的对象、范围、时间和内容等的情况，并不点明分析人员的看法和主张，如《拓展公司业务的渠道》。

（4）提出疑问。这类标题以设问的方式提出报告所要分析的问题，可以引起读者的注意和思考，如《500 万的利润是如何获得的》。

2. 背景与目的

阐述背景主要是为了让报告阅读者对整体的分析研究有所了解，主要阐述此项分析是在什么环境、什么条件下进行的，如行业发展现状等。阐述目的主要是为了让读者知道这次分析的主要原因、分析能带来何种效果、可以解决什么问题（即分析的意义所在）。数据分析报告的目的可以描述为以下 3 个方面。

（1）进行总体分析。从项目需求出发，对项目的财务、业务数据进行总量分析，把握全局，形成对被分析项目的财务、业务状况的总体印象。

（2）确定项目重点，合理配置项目资源。在对被分析项目的总体掌握的基础上，根据被分析项目特点，通过具体的趋势分析、对比分析等手段，合理确定分析的重点，协助分析人员做出正确的项目分析决策，调整人力、物力等资源，使之达到最佳状态。

（3）总结经验。选取指标，针对不同的分析事项进行分析，指导以后项目实践中的数据分析。

3. 分析思路

分析思路即用数据分析方法论指导分析如何进行，是分析的理论基础。统计学的理论及各个专业领域的相关理论都可以为数据分析提供思路。分析思路用来指导分析人员确定需要分析的内容或者指标，只有在相关的理论指导下才能确保数据分析维度的完整性，保证分析结果的有效性和正确性。分析报告一般不需要详细阐述这些理论，只需简要说明，使读者有所了解即可。

4. 分析过程

分析过程是报告中最长的主体部分，包含所有数据分析的事实和观点，各个部分具有较强的逻辑关系，通常结合数据图表和相关文字进行分析。此部分须保证以下 4 个方面。

（1）结构合理，逻辑清晰。分析过程应在分析思路的指导下进行，合理安排行文结构，保证各部分具有清晰的逻辑关系。

（2）客观准确。首先数据必须真实有效、实事求是地反映真相，其次表达上必须客观准确规范，切忌主观随意。

（3）篇幅适宜，简洁高效。数据分析报告的质量取决于是否利于决策者做出决策、是否利于解决问题。篇幅不宜过长，要尽可能简洁高效地传递信息。

（4）结合业务，专业分析。分析过程应结合相关业务或专业理论，不可以简单地进行没有实际意义的看图说话。

5. 结论与建议

报告的结尾是对整个报告的综合与总结，是得出结论、提出建议、解决矛盾的关键。好的结尾可以帮助读者加深认识、明确主旨，引发读者思考。

结论是以数据分析结果为依据得出的分析结果，是结合公司业务，经过综合分析、逻辑推理形成的总体论点。结论应与分析过程的内容保持统一，与背景和目的相互呼应。

建议是根据结论对企业或者业务问题提出的解决方法，建议主要关注在保持优势和改进劣势、改善和解决问题等方面。

7.3　技能训练

1. 训练目的

餐饮行业竞争日益加剧，销售业绩增长变缓。某餐饮企业要求撰写一份 2018 年 8 月 22 日至 2018 年 8 月 28 日这一周时间内的周报文档，以便了解餐饮产品的销售情况，并及时调整销售策略。

2. 训练要求

撰写"餐饮企业"周报文档。

附录 专有名词解释

1. 项目 1 分析"自动售货机"现状

[1] 同质化：同质化是指同一大类中不同品牌的商品在性能、外观甚至营销手段上相互模仿，以致逐渐趋同的现象。在商品同质化基础上的市场竞争行为称为"同质化竞争"。

[2] 数据库：数据库指的是将数据以一定方式储存在一起，能在多个用户间共享，具有尽可能小的冗余度，与应用程序彼此独立的数据集合。

[3] 库存：库存是仓库中实际储存的货物，可以分为两类，一类是生产库存，另一类是流通库存。

2. 项目 2 分析商品的整体销售情况

[1] 数据透视表：数据透视表是一种交互式的表，可以对数据进行快速汇总和建立交叉列表。数据透视表可以动态地改变版面布置，以便按照不同方式分析数据。每一次改变版面布置，数据透视表都会立即按照新的布置重新计算数据。如果来源的数据发生更改，那么可以更新数据透视表。

[2] 簇状柱形图：簇状柱形图用于显示一段时间内的数据变化或各项直接比较情况，通常沿水平（类别）轴显示类别，沿垂直（值）轴显示值。

[3] 折线图：折线图常用来反映连续型数据随时间或者类别变化的趋势，以便于发现数据变化规律，非常适合用来显示相等时间间隔（如月、季度或会计年度）的数据变化趋势。在折线图中，类别数据沿水平轴均匀分布，值数据沿垂直轴均匀分布。

[4] 条形图：条形图以一系列长短不一的长方形来表示每个类别数据的大小，显示各个项目的比较情况，通常沿垂直坐标轴组织类别，沿水平坐标轴组织值。

[5] 销售额：销售额是指销售货物的量乘以与之对应货物的价格所得的值。

[6] 增长率：增长率是指一定时期内某一数据指标的增长量与基期数据的比值。

3. 项目 3 分析区域销售情况

[1] SUMIF 函数：其作用是根据指定条件对若干单元格、区域或引用进行求和。

[2] 树状图：树状图提供了数据的层次结构视图和比较不同级别分类的简单方法。树状图按颜色和邻近方式显示类别，并且可以轻松地显示大量数据，这些数据很难使用其他图表类型显示。树状图适合比较层次结构内的比例，但是不适合显示最大类别与各数据点之间的层次结构级别。

[3] 线性相关：一个变量随着另一个变量的增大而增大（减小），则称这两个变量线性相关。

[4] 平均值：用一组数的个数作为除数，去除这一组数的和，所得出的数值就是这组数的平均值。

[5] 分类汇总：根据某个要求对数据进行归类后，再对归类后的数据进行汇总操作即分类汇总。这种汇总操作可以是对分类后的数据进行的求平均值、求和、求最大值等操作。

4. 项目 4　分析商品库存

[1] 饼图：饼图用多个面积不同的扇形表示每个数据的类别，将这些扇形组合在一起恰好形成一个完整的圆，代表数据的整体。该图适合用来分析部分与整体之间的比例关系。

[2] 库存周转率：库存周转率指某时间段的出库总金额（总数量）与该时间段库存平均金额（或数量）的比值，是反映库存周转快慢程度的指标。库存周转率越大，表明销售情况越好。在物料保质期及资金允许的条件下，可以适当增加其库存控制目标天数，以保证合理的库存。反之则可以适当减少其库存控制目标天数。

5. 项目 5　分析用户行为

[1] COUNTIF 函数：是一个统计函数，用于统计满足某个条件的单元格的数量。

[2] SUM 函数：是一个数学和三角函数，返回某一单元格区域中数字、逻辑值及数字的文本表达式之和。

[3] 圆环图：和饼图相似，显示各个部分与整体之间的关系，但是它可以包含多个数据系列，图表中的每个数据系列具有唯一的颜色或图案，并且在图例中进行说明。

[4] 回头率：回头率是指再次交易的频率。

6. 项目 6　预测商品销售量

[1] 指数函数：指数函数是种常用的基本初等函数，公式如式（1）所示。

$$y = a^x \tag{1}$$

式（1）中，a 为常数且 $a > 0$、$a \neq 1$，函数中的 x 定义域是 **R**。在指数函数的定义表达式中，在 a^x 前的系数必须是数 1，自变量 x 必须在指数的位置上，且不能是 x 的其他表达式，否则该函数就不是指数函数。

[2] 线性回归：线性回归是利用数理统计中的回归分析确定两种或两种以上变量间相互依赖的定量关系的一种统计分析方法，它的运用十分广泛。其表达形式如式（2）所示。

$$y = wx + e \tag{2}$$

式（2）中，e 为误差，服从均值为 0 的正态分布。

7. 项目 7　撰写"自动售货机"周报文档

[1] 周报：周报是指在工作中按一周为单位编制的文档，总结这周内的工作情况，对下周的工作进行计划。